材料力学实验指导与实验基本训练

（第二版）

古 滨 主 编

万 鸣　王亦恩　副主编

北京理工大学出版社
BEIJING INSTITUTE OF TECHNOLOGY PRESS

内 容 简 介

本书是根据教育部《高等学校工科本科课程教学基本要求》和教育部工科力学教学指导委员会有关《工科力学课程教学改革的基本要求》编写而成的。全书共 5 章：绪论、材料力学基本实验、材料力学选做实验、主要实验设备及仪器介绍、基础力学实验竞赛基本训练、和附录。

本书可作为实验设备环境和实验项目与编写学校情况类似的其它高等院校工科相关专业材料力学实验指导用书和基础力学实验实训、竞赛参考书。

图书在版编目（CIP）数据

材料力学实验指导与实验基本训练/古滨主编. —2 版. —北京：
北京理工大学出版社，2016.3（2023.7 重印）
ISBN 978-7-5682-1717-0

Ⅰ.①材…　Ⅱ.①古…　Ⅲ.①材料力学—实验—高等学校—教学参考资料
Ⅳ.①TB301-33

中国版本图书馆 CIP 数据核字（2015）第 314445 号

出版发行 / 北京理工大学出版社有限责任公司
社　　址 / 北京市海淀区中关村南大街 5 号
邮　　编 / 100081
电　　话 / （010）68914775（总编室）
　　　　　　（010）82562903（教材售后服务热线）
　　　　　　（010）68948351（其他图书服务热线）
网　　址 / http://www.bitpress.com.cn
经　　销 / 全国各地新华书店
印　　刷 / 三河市华骏印务包装有限公司
开　　本 / 787 毫米×1092 毫米　1/16
印　　张 / 7.25
字　　数 / 175 千字
版　　次 / 2016 年 3 月第 2 版　　2023 年 7 月第 6 次印刷
定　　价 / 21.00 元

责任编辑 / 高　芳
文案编辑 / 赵　轩
责任校对 / 孟祥敬
责任印制 / 马振武

前言（第二版序言）

为了适应新世纪课程分级教学的需要和对学生能力培养的要求，我们在总结多年来教学实践的基础上，按照教育部《高等学校工科本科材料力学课程教学基本要求》和教育部工科力学教学指导委员会《面向二十一世纪工科力学课程教学改革的基本要求》，结合西华大学力学实验中心的实际情况编写了这本《材料力学实验指导与实验基本训练》。

本书结合近年来西华大学材料力学精品课程建设项目、力学实验课程四川省教改项目、四川省级力学实验示范中心建设项目及成果为一体。本书内容共 5 章包括：绪论、材料力学基本实验、材料力学选做实验、主要实验设备及仪器介绍、基础力学实验竞赛基本训练。

本书是在 2011 年北京理工大学出版社《材料力学实验指导与实验基本训练》的基础上，近四年使用的基础上，经过全面更正、全方位的更新和补充而成的。本书可与北京理工大学出版社出版的《材料力学》、《材料力学基本训练》配套使用。

本书的主要特点有：

（1）便于帮助实现分级教学。将选择题分为基本型、提高型二档。对计算题进行了分类与分级（做了标注说明），便于教师布置作业，利于学生形成知识结构体系。

（2）可增强教与学的互动性。编写形式介于教材、实验指导书和习题集之间，为师生之间搭建了一个互动桥梁。本书还可作为实验预习、讨论、小测验用书。

（3）实验设备及仪器介绍部分新增了基于西华大学力学实验中心自主研发（2013 年已获一项国家专利授权）的"互动式普及型材料力学创新实验平台"的介绍。

（4）本书附上了材料力学课程教学要求，便于师生把握力学实验教与学。

本书可作为实验设备及环境与编写学校相当的高等院校工科及相关专业材料力学实验指导用书和基础力学实验实训、竞赛参考书。

本书由古滨任主编，万鸣、王亦恩任副主编。第 1 章、第 3 章、第 5 章和附录等由西华大学古滨编写，第 2、4 章由西华大学万鸣编写，西华大学王亦恩参与了第 2、3、4、5 章的部分章节的编写与修订。西华大学黄利诚编写了第 3 章部分内容，西华大学王泽编写了第 2 章部分内容。全书的大部分图表由西华大学江俊松完成。全书由古滨统稿、定稿。

在本书的策划和编写过程中，参阅了众多兄弟工科院校力学实验指导书以及江苏省大学生基础力学实验竞赛的参考资料，同时得到了西华大学力学实验中心和力学教学部的老师们的关心和支持，在此一并表示衷心感谢。

限于编者水平有限，疏漏和遗误在所难免，恳请批评指正。

编　者

2015 年 10 月

前言（第一版序言）

为了适应新世纪课程分级教学的需要和对学生能力培养的要求，我们在总结多年来教学实践的基础上，按照教育部《高等学校工科本科材料力学课程教学基本要求》和教育部工科力学教学指导委员会《面向二十一世纪工科力学课程教学改革的基本要求》，结合西华大学力学实验中心的实际情况编写了这本《材料力学实验指导与实验基本训练》。

本书结合近年来西华大学材料力学精品课程建设项目、力学实验课程四川省教改项目、四川省级力学实验示范中心建设项目及成果为一体。本书内容共 5 章，包括：绪论、材料力学基本实验、材料力学选做实验、主要实验设备及仪器介绍、基础力学实验竞赛基本训练。

本书的主要特点有：

（1）便于帮助实现分级教学。将选择题分为基本型、提高型二档。对计算题进行了分类与分级（做了标注说明），以便于教师布置作业、以利于学生形成知识结构体系。

（2）可增强教与学的互动性。编写形式介于教材、实验指导书和习题集之间，为师生之间搭建了一个互动桥梁。该书还可作为实验预习、讨论、小测验用书。

（3）本书附有材料力学课程教学要求，便于师生把握力学实验教与学。

本书可作为实验设备及环境与编写学校相当的高等院校工科相关专业材料力学实验指导用书和基础力学实验实训、竞赛参考书。

本书由古滨、万鸣等编著。第 1 章、第 2 章、第 5 章和附录等由西华大学古滨编写，第 2、4 章由西华大学万鸣编写，西华大学黄利诚编写了第 3 章部分内容，西华大学王泽编写了第 2 章部分内容。全书的大部分图表由西华大学江俊松完成。全书由古滨统稿、定稿。

在本书的策划和编写过程中，参阅了众多兄弟工科院校力学实验指导书以及江苏省大学生基础力学实验竞赛的参考资料，同时得到了西华大学力学实验中心和力学教学部的老师们的关心和支持，在此一并表示衷心感谢。

限于编者水平有限，疏漏和遗误在所难免，恳请批评指正。

编　者

2011 年 5 月

目　　录

第1章 绪 论

1.1 材料力学实验的任务和地位

1. 材料力学实验的任务

面向生产，为生产服务。根据正规生产过程，科学设计的程序应该是：首先了解工况、外载荷、设计范围等；其次选料、设计尺寸、核算强度和分析应力；然后是生产、现场实测、分析事故；经过长期观察，最后才能投产。材料力学实验在这儿扮演了主要角色。

面向新技术、新方法的引入，研究新的测试手段。近二十年来由于光学的大发展和光电子学、光纤的发展，产生了很多新的光测法，可概括称为"光力学"，还有疲劳、断裂、细微尺度力学实验等。

面向材料力学，为材料力学的理论建设服务。材料力学的一些理论是以某些假设为基础的，例如杆件的弯曲理论就以平面假设为基础。用实验验证这些理论的正确性和适用范围，有助于加深对理论的认识和理解。至于新建立的理论和公式，用实验来验证更是必不可少的。实验是验证、修正和发展理论的必要手段。

2. 材料力学实验的地位

材料力学实验是材料力学中新的理论及计算方法提出的必要前提，用新的理论、计算方法所得的结果要经过实验验证。

材料力学实验能解决许多理论工作无法解决的工程实际问题。某些情况下，例如因构件几何形状不规则或受力复杂等，应力计算并无适用理论。这时，用诸如电测、光弹性等实验应力分析方法直接测定构件的应力，便成为有效的方法。对经过较大简化后得出的理论计算或数值计算，其结果的可靠性更有赖于实验应力分析的验证。

材料力学实验是材料力学发展的三大支柱（新的理论、计算方法、力学实验）之一。

1.2 材料力学实验的发展、现状和趋势

1. 材料力学实验的发展

从发展史来看，力学实验方法的发展与力学理论体系发展不同。理论往往是有一个体系，并不断发展和完善的。而力学实验就不同了，它都借助于物理基础、新概念和新技术，经过再创造为力学服务，它不断更新，形成许多种相对独立的方法，如光弹性、电阻应变测量、云纹、声发射等。因此，力学实验的特点是多体系、相对独立性、困难性、交叉性、渗透性和无界性。力学实验历史是很悠久的，可以说与理论平行。实验（在实验室）与实践（在现场）是一样的，如果没有现场实验作为基础，古代人怎么可能在没有理论体系的情况下，造出那么多出色的建筑，如塔、宫殿、赵州石桥等，至今犹存。

材料力学实验的发展，在西方首先由达·芬奇（Da Vinci）做了梁的弯曲实验。之后就

是伽利略（Galileo），他做过悬臂梁实验和拉伸强度实验。再以后就是胡克（Hooke），他在 1678 年发表弹簧论文，从而产生了胡克定律，给弹性力学奠定了理论基础。后来出现了马里沃特（Mariotte）的简支梁实验，伯努里(Bernoulli)的悬臂梁实验，欧拉（Euler）的稳定实验，库仑（Coulumb）的剪切实验。泊松（Poisson）、圣维南（St.Venant）、柯西（Cauchy）、纳维（Navier）等人也为材料力学实验的发展作出了重要贡献。

我国《墨子·经下》记有："发均悬轻而发绝，不均也，均其绝也莫绝"，以及"衡木，加重焉而不挠，极胜重也；若校交绳，无加焉而挠，极不胜重也"。墨子这个拉伸与弯曲实验比伽利略的实验还早 2000 年。

2. 材料力学实验的现状

我国材料力学方面的论文多偏重于经典理论和方法，缺乏有根据的计算和实验验证，虽然理论做得很细很巧，但不能说是一个完美的科学成果。突破实验和计算这两个薄弱环节应该是我国材料力学工作者的急迫任务。材料力学方面的科研成果如果缺乏实验验证就是个不完整的成果，还需要做大量的、系统的实验作为其重要支撑。

3. 材料力学实验的发展趋势

广泛地应用电阻应变测量技术，使得从真空到高压，从深冷到高温，从静态到高频条件下的应变，都可获得有效的测量数据。又如把经典方法和新兴科学技术结合起来（全息干涉法、全息光弹性法、散斑干涉法、声发射技术等），不断增加测试手段，扩大了测量和应用范围，提高了测试精度。开展宏观和微观相结合的实验研究，深入探索失效机理和各种影响材料强度因素的规律性。实验技术正向广度和深度发展。

实验装备的自动化。在实验数据的采集、处理、分析和控制方面实现计算机化。如大型动载实验，已能做到实时的数据处理，大大缩短实验周期，及时提供准确的实验分析数据和图表。出现多种光弹性自动测试装置的方案。

随着计算机及有限元分析和其他数值分析方法的应用，材料力学实验正朝着实验与计算相结合，物理模型与数学模型相结合的方向发展。

第2章 材料力学基本实验

2.1 拉伸与压缩实验

2.1.1 拉伸实验

常温、静载下的轴向拉伸实验是材料力学实验中最基本、应用最广泛的实验。通过拉伸实验，可以全面地测定材料的力学性能，如弹性、塑性、强度等力学性能指标。这些性能指标对材料力学的分析计算、工程设计、选择材料和新材料开发都有极其重要的作用。

1. 实验目的

1) 测定低碳钢的下屈服强度 R_{eL}（屈服极限 σ_s）、抗拉强度 R_m（强度极限 σ_b）、断后伸长率 $A(\delta)$、断面收缩率 $Z(\psi)$。

2) 测定铸铁的抗拉强度 R_m（强度极限 σ_b）。

3) 观察上述两种材料在拉伸过程中的各种现象（屈服、强化、缩颈等），并绘制拉伸图（F-ΔL 曲线图）。

4) 比较低碳钢（塑性材料）与铸铁（脆性材料）力学性能的特点。

5) 了解微机控制电子万能试验机的构造、工作原理，并掌握其操作使用方法。

2. 主要设备、仪器及材料

1) 微机控制电子万能试验机。

2) 千分尺、游标卡尺、分规、钢片尺。

3) 低碳钢及铸铁拉伸试样。

3. 实验原理

表示材料力学性能的四大指标：下屈服强度 R_{eL}、抗拉强度 R_m、断后伸长率 A 和断面收缩率 Z 是通过拉伸实验来测定的。为此，应首先用待测材料制备试样。拉伸试样可制成圆形或矩形等截面。圆形截面试样如图 2-1 所示。

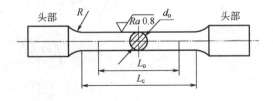

图 2-1 圆形截面试样

试样头部（夹持部分）用以装入试验机夹具中，以便夹紧试样，其形状可根据夹具形状而定。可制成圆柱形（图 2-1）、阶梯形（图 2-2）或螺纹形（图 2-3）。过渡部分用以保证标距部分受力均匀。试样中段用于测量拉伸变形，也是试样的主体，此段长度大 L_0 称为"原始标距"（亦称计算长度）。试样两头部或不带头试样夹持部分之间平行部分的长度 L_c 叫做平行长度，它应大于原始标距 L_0。

| 图 2-2 阶梯形头部 | 图 2-3 螺纹形头部 |

试样的尺寸和形状对实验结果有一定影响。为能正确比较材料的力学性能，GB/T 288.1—2010《金属材料 拉伸实验 第 1 部分：室温实验方法》对试样的尺寸和形状都作了统一规定。按 GB/T 288.1—2010 的规定，拉力试样分为比例试样和非比例试样两种。比例试样的原始标距与横截面积之间具有如下关系：$L_0 = k\sqrt{S_0}$，比例系数 k 通常为 5.65 和 11.3。前者称为短试样，后者称为长试样。短、长圆形截面试样的原始标矩 L_0 就分别等于 $5d_0$ 和 $10d_0$。非比例试样的原始标距和横截面积之间无上述一定的关系。

微机控制电子万能试验机可自动绘出**低碳钢拉伸图**（F-ΔL 曲线图），如图 2-4a 所示。由图可见，低碳钢的整个拉伸过程可分为如下 **4 个阶段**：

（1）弹性阶段（Oab 段）

当载荷不超过 F_e 时，试样只有极小的弹性变形，故曲线呈陡峭上升状。其中，在 Oa 段（载荷不超过 F_p），试样的应力与应变成正比，故 Oa 为一直线段。对应于 a 点的应力称为**比例极限**，而对应于 b 点的应力称为**弹性极限**（本次实验均不测试）。至于曲线起始部分略呈弯曲，是由于试样头部在夹头中的塑性变形或打滑所致。

（2）屈服阶段（bcd 段）

当载荷超过 F_e 之后，试样的变形既有弹性变形，同时又有塑性变形。此时，试样进入屈服阶段。所谓"**屈服**"，即材料暂时失去抵抗变形的能力的现象。它是因金属晶格间产生相对滑动所致。此时，载荷增加不上去，或略有波动，但变形却不断发生。拉伸图中得到一锯齿形曲线 bcd，如图 2-4a)所示，其中与最高 c' 点载荷 F_{eH} 对应的应力称为上屈服强度（图 2-4b)），它受变形速度和试样形状的影响一般不作为强度指标。同样，载荷首次下降的最低 c 点对应的应力（初始瞬时效应）也不作为强度指标。一般将初始瞬时效应以后的最低载荷 F_{eL}，除以试样的原始横截面积 S_0，得到下屈服强度 R_{eL}，作为**强度指标**，即

$$R_{eL} = \frac{F_{eL}}{S_0} \tag{2.1}$$

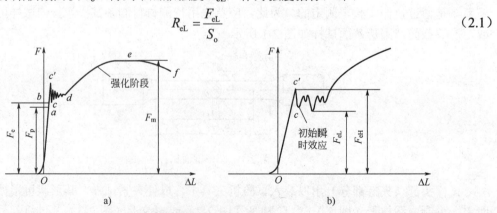

图 2-4 低碳钢拉伸图

至于某些材料，屈服时的 F-ΔL 曲线不呈锯齿状，而呈平台状（图 2-5）。这一平台叫做屈服平台。

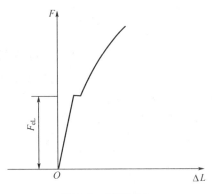

图 2-5　屈服平台

（3）强化阶段（de 段）

屈服结束后，材料又恢复了抵抗变形的能力。要使试样继续伸长，必须增大载荷。此种现象，叫做**强化**。在拉伸图 F-ΔL 曲线中，曲线又开始上升。

材料进入强化阶段后，若在此阶段的某一点卸载，则可在拉伸图上得一卸载曲线，它与曲线的起始部分的弹性直线段基本平行，这就是所谓的"**卸载定律**"。若卸载后又重新加载，则重新加载的曲线将沿卸载曲线上升到原卸载点，此后的曲线基本上与未卸载的曲线相重合。这就是所谓的"**冷作硬化效应**"。在强化阶段，试样横向尺寸明显缩小。

随着实验继续进行，拉伸曲线上升平缓，说明此时变形较快而载荷增加较慢。强化阶段最高点 e 所对应的载荷，即为试样承受的最大载荷 F_{m}，其所对应的应力即为抗拉强度 R_{m}（**强度极限**），于是

$$R_{\mathrm{m}} = \frac{F_{\mathrm{m}}}{S_{\mathrm{o}}} \tag{2.2}$$

（4）局部变形阶段（ef 段）

载荷达到最大值 F_{m} 之后，曲线开始下降。与此同时，在试样的某一局部范围内，横向尺寸急剧缩小，这就是所谓"**缩颈**"现象（图 2-6）。由于缩颈部分横向尺寸迅速缩小，试样变形所需拉力亦相应减小。故拉伸图上曲线向下弯曲。直至最后到 f 点，试样在缩颈处被拉断。

图 2-6　试样缩颈

材料的**塑性指标**用断后伸长率 A 和断面收缩率 Z 表示。

所谓**断后伸长率**，即断后标距的残余伸长 L_{u}–L_{o} 与原始标距 L_{o} 之比的百分率，即

$$A = \frac{L_{\mathrm{u}} - L_{\mathrm{o}}}{L_{\mathrm{o}}} \times 100\% \tag{2.3}$$

式中，L_{o}、L_{u} 分别表示试样标距原长和拉断后的标距长度。

注：对于原始标距不为 $5.65\sqrt{S_{\mathrm{o}}}$ 的比例试样，（S_{o} 为平行长度的原始横截面积），上式中符号 A 应附以脚注说明所使用的比例系数，例如：$A_{11.3}$ 表示原始标距为 $11.3\sqrt{S_{\mathrm{o}}}$ 的断后伸长率。

所谓**断面收缩率** Z 是指断裂后试样横截面积的最大缩减量 $S_o - S_u$ 与原始横截面积 S_o 之比的百分率。即

$$Z = \frac{S_o - S_u}{S_o} \times 100\% \qquad (2.4)$$

式中，S_o 为原始横截面积；S_u 为试样断裂后，缩颈处最小横截面积。

铸铁拉伸图如图 2-7 所示。它不像低碳钢拉伸时可明显地分为弹性、屈服、强化、缩颈等阶段，是一条接近直线的曲线，且无下降趋势。一旦达到最大载荷 F_m，试样就会突然断裂，且断裂后残余变形甚小。鉴于上述特点，可见不具备 R_{eL}，且测其 A 和 Z 也无实际意义。故只需测其最大载荷 F_m，则其抗拉强度 R_m（强度极限 σ_b）为

$$R_m = \frac{F_m}{S_o} \qquad (2.5)$$

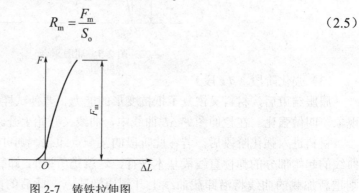

图 2-7　铸铁拉伸图

4.　实验方法及操作步骤

（1）低碳钢拉伸实验

1）试样的准备。本实验使用 $d_o = 10$ mm，$L_o = 100$ mm 的长比例试样，其材料牌号为 Q235 钢。在试样等直段内，取原始标距 L_o 分为 10 格。用千分尺测量原始标距两端及中间 3 个横截面的直径，每一横截面上应分别在两个相互垂直的方向上各测一次，而后取其平均值。最后，取 3 个截面直径的平均值作为试样原始直径 d_o，并以此计算试样原始横截面积 S_o。

2）进行实验。具体操作步骤参阅 4.1 微机控制电子万能试验机的操作方法。

试样拉断后，将计算机上自动显示出的下屈服载荷 F_{eL}、最大载荷 F_m 值记录下来。

从夹头中将拉断后的试样取下，然后将断裂试样的两端按断口方位对齐并靠紧，用分规及钢片尺测两原始标距刻线间的长度即得 L_u；同时，用游标卡尺在断口处相互垂直的两个方向上测其直径 d_u，以二者的算术平均值计算断口最小横截面积 S_u。

（2）铸铁拉伸实验

试样的准备、进行实验等步骤同低碳钢拉伸实验。由于铸铁是脆性材料，在整个拉伸过程中变形很小，无屈服、缩颈现象，无须测 R_{eL}、A、Z，拉伸曲线无直线段，可以近似认为经弹性阶段直接断裂，其断口是平齐粗糙的。故实验时开动试验机，缓慢加载至试样断裂。然后停车，记录下最大载荷 P_b。试验机的自动绘图器绘出铸铁的拉伸曲线，如图 2-7 所示。

5.　实验结果处理

1）根据所测得的低碳钢试样的下屈服载荷 F_{eL} 以及低碳钢与铸铁试样的最大载荷 F_m，

分别计算其下屈服强度 R_{eL}（屈服极限 σ_s）、抗拉强度 R_m（强度极限 σ_b）。

2）根据低碳钢试样实验前、后的标距长度 L_o 和 L_u 及横截面积 S_o 和 S_u，分别计算其断后伸长率 A 及断面收缩率 Z。

3）断口移中处理确定断后伸长率：

① 原则上只有断裂处与最接近的标距标记的距离不小于原始标距的三分之一的情况为有效。但断后伸长率大于或等于规定值，不管断裂位置处于何处测量均为有效。

② 若试样断口至相邻最近的一标距标记的距离小于或等于 $L_o/3$ 时，拉断后的标距长度 L_u 需采用移位法确定：在试样长段上自断口 "O" 处截取基本等于短段的格数，得到 B 点，之后，若长段所余格数为偶数时如图 2-8a），则取所余格数的一半得 C 点，于是

$$L_u = AO + OB + 2BC$$

若长段所余格数为奇数时如图 2-8b），则分别取所余格数减 1 的一半和加 1 的一半而得 C 及 C_1 点，于是

$$L_u = AO + OB + BC + BC_1$$

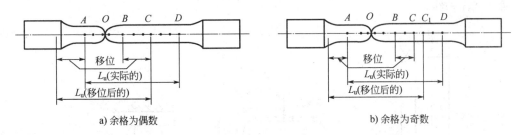

a) 余格为偶数　　　　　　　　　　　b) 余格为奇数

图 2-8　移位法示意图

采取移位法处理的原因，是当试样断口靠近试样端部时，在断裂试样较短的一段上，将受到试样头部较粗部分的影响而降低了缩颈部分的伸长量，从而使断后伸长率 A 偏小。采用上述方法处理，则可适当弥补其偏差。

6．破坏性实验注意事项

1）参阅 4.1 微机控制电子万能试验机的操作方法与注意事项。

2）试样安装必须正确，不得偏斜，头部夹入部分不得过短。

3）机器运行中，如发现异常应立即停车，待排除故障后再行开车实验。

4）整个实验结束后，请指导教师检查认可原始记录。认真清理实验现场，将所用设备、仪器等恢复原始状态。

2.1.2　压缩实验

1．实验目的

1）测定压缩时低碳钢的下压缩屈服强度 R_{eLc}（屈服极限 σ_s）和铸铁的抗压强度 R_{mc}（强度极限 σ_b）。

2）观察低碳钢和铸铁压缩时的变形及破坏现象，绘制压缩图（F-ΔL 图），并与拉伸时进行对比。

2. 主要设备、仪器仪表及材料

1）微机控制电子万能试验机。

2）千分尺、游标卡尺。

3）低碳钢及铸铁压缩试样。

3. 实验原理及装置

低碳钢及铸铁等金属材料的**压缩试样**一般制成圆柱形，如图 2-9a）所示。目前常用的压缩实验方法是两端平压法。因此，试样的上、下两个端面与试验机压头之间会产生很大的摩擦力如图 2-9b），这将阻碍试样上、下部的变形，导致所测得的抗压强度较实际偏高。当试样的长度相对增加时，摩擦力对试样中部的影响变小。可见抗压强度与比值 L/d 有关。所以压缩实验与实验条件有一定关系。为在相同实验条件下对不同材料的压缩性能进行比较，一般规定：$1 \leqslant L/d \leqslant 2$。若 $L/d < 1$，则摩擦力影响大，若 $L/d > 2$，虽摩擦力的影响减小，但试样易弯曲的影响却突出起来。为保证试样承受轴向压力，试样的两个端面应平行，且与试样轴线垂直；为减少摩擦力的影响，两端面应具有较细的表面粗糙度，同时，实验时还应在两个端面上涂少许黄油之类的润滑剂。实验时，试样应安放在球形承垫上，如图 2-9c）所示。这样，当试样的两端面稍有不平行时，球形承垫可起到调节作用，使压力通过试样轴线。

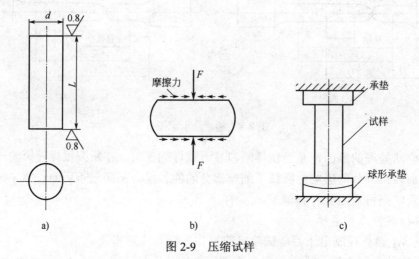

图 2-9　压缩试样

a）压缩试样　b）试样端面的摩擦力　c）压缩时的球形承垫

（1）低碳钢压缩

低碳钢压缩时，同样存在比例极限、弹性极限、下屈服强度，且数值和拉伸时所得的相应数值差别不大，但屈服则不如拉伸时明显。

从低碳钢压缩图（图 2-10）中可看出，当载荷超过比例极限所对应的载荷 F_p 以后，便开始出现变形增加较快的一非线性小段，此即表示到达了屈服载荷 F_{eLC}。进入屈服后，由于试样塑性变形迅速增长，试样横截面积随之增大，所能承受的载荷也随之增大。因此，低碳钢压缩时屈服很不明显，故测 F_{eLC} 时尤应注意观察。最后在计算机上读出自动显示的下压缩屈服载荷 F_{eLC} 的值。超过屈服之后，试样由原来的圆柱逐渐被压成鼓形如图 2-11 所示，但终不致破坏。故无法测出其最大载荷 F_{mC}。

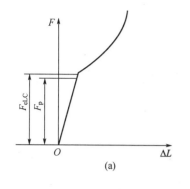
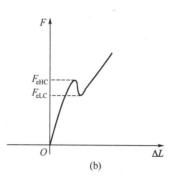
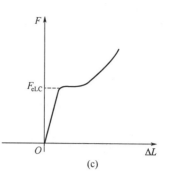

图 2-10　低碳钢压缩图

（2）铸铁压缩

铸铁压缩图如图 2-12 所示。试样受压达到最大载荷 F_{mc} 前将出现较大塑性变形，而后略呈鼓形沿与轴线成大约 45° 方向破裂如图 2-13 所示。此时实验完成，在计算机上可读出自动显示的最大载荷 F_{mc}。

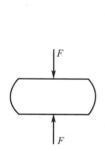
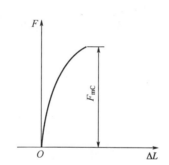
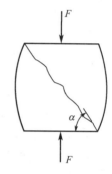

图 2-11　压缩时低碳钢变形示意图　　图 2-12　铸铁压缩图　　图 2-13　压缩时铸铁破坏断口

铸铁压缩时沿 45° 左右斜截面断裂，其主要是由剪应力所致。如果测量其断口的倾角 α，可发现 α 略大于 45°，而不是最大剪应力所在的截面。这是由于试样两端存在摩擦力所致。

4．实验方法及操作步骤

（1）低碳钢试样压缩

1）试样的准备：用千分尺测量试样原始标距中点处两个相互垂直方向的直径，取其算术平均值作为试样原始直径 d_0，并以此计算原始横截面积 S_0。

2）安装试样：在试样的两个端面上涂少许黄油，然后将其准确地安放在试验机球形承垫中央。

3）进行实验：具体操作步骤参阅 4.1 微机控制电子万能试验机的操作方法。

试样压成鼓形后即可卸载停车。将计算机上自动显示的下压缩屈服载荷 F_{eLC} 值记录下来，然后取下试样即可。

（2）铸铁试样压缩

铸铁试样压缩实验的方法步骤与低碳钢压缩实验基本相同。但无下压缩屈服强度而只测抗压强度 R_{mC}。试样缓慢均匀加载，破裂后试验机自动停车。然后将计算机上自动显示的最

大载荷 F_{mC} 值记录下来。

5. 实验结果处理

根据测试记录，计算出低碳钢的下压缩屈服强度 $R_{eLC} = \dfrac{F_{eLC}}{S_o}$ 和铸铁的抗压强度 $R_{mC} = \dfrac{F_{mC}}{S_o}$。

6. 破坏性实验注意事项

1）参阅 4.1 微机控制电子万能试验机的操作方法与注意事项。

2）加载必须缓慢平稳，严格避免试样与上压头相撞击。

3）铸铁压缩时，应加防护罩，以免碎片伤人。

7. 预习思考题和复习问答题

完成 5.1 中与本实验相关的预习思考题和 5.2 中与本实验相关的复习问答题。

2.2 扭转实验

1. 实验目的

1）在比例极限内验证剪切胡克定律，测定剪切模量（切变模量）G。

2）测定低碳钢扭转时的下屈服强度 τ_{eL}（剪切屈服极限 τ_s）和抗扭强度 τ_m（剪切强度极限 τ_b），并绘制扭转图（T-ϕ 图）。

3）测定铸铁的抗扭强度 τ_m（剪切强度极限 τ_b），并绘制扭转图（T-ϕ 图）。

4）观察比较低碳钢和铸铁试样扭转破坏的特点。

2. 主要设备、仪器及材料

1）扭转实验装置。

2）低碳钢及铸铁扭转试样。

3）千分尺、钢片尺。

4）镜式转角仪。

5）微机控制扭转试验机。

3. 实验原理及装置

（1）验证胡克定律（在扭转实验装置上进行）

圆轴承受扭转时，材料完全处于纯剪应力状态。当扭矩不超过 T_p 时，材料处于弹性状态，其变形与载荷的关系服从胡克定律：

$$\phi = \frac{TL_0}{GI_p} \tag{2.6}$$

式中：T 为扭矩；L_0 为标距长度；ϕ 为标距 L_0 内的扭转角；G 为剪切模量；I_p 为极惯性矩，对于圆截面：$I_p = \pi d_o^4 / 32$。

本次实验只验证扭转角 ϕ 与扭矩 T 的正比例关系，采用"等值增量法"用砝码逐级加载。实验装置如图 2-14 所示。

所谓**等值增量法**，即每次增加一个相等的载荷增量 ΔP，同时测量出相应的变形增量 $\Delta\phi$ 也是每次都相等（或基本相等）的话，从而验证了变形与载荷的正比例关系。

采用增量法进行实验，不仅可克服由于机器、仪表初始位置的机构间隙以及蠕动、打滑等所引起的误差，而且还可以根据增量变化的情况来判断实验是否有误。如果增量的变化显著偏离一定规律，则表明实验有误，应停止实验，进行检查。本次实验在弹性范围内进行，故一旦发现有误，可卸掉载荷，检查排除故障后，重新加载进行实验。

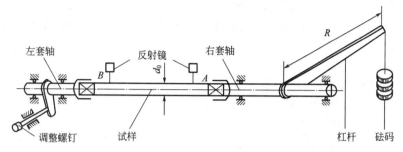

图 2-14　扭转实验装置

将一圆截面试样的两端头部削扁，装入左、右套轴的扁孔中。当砝码加在杠杆末端时，其所产生的力矩 $T = P \cdot R$（P 为砝码变量）便通过套轴传递给试样，使试样产生扭转变形。在试样上分别取 A、B 二个截面，使 A、B 截面间的距离等于 L_0（即标距）。然后分别在 A、B 两截面上各装一面反射镜，利用**镜式转角仪**便可测出 A、B 截面的转角 ϕ_A、ϕ_B。则标距 L_0 范围内的相对扭转角 $\phi = \phi_A - \phi_B$。若每次增加相等的载荷增量 ΔP（即相等的扭矩增量 ΔT），所测得的相应相对扭角增量 $\Delta \phi$ 也每次相等（或基本相等），从而验证了扭转胡克定律的正确性。因标距 L_0 和极惯性矩可事先测量、计算而得，故在验证胡克定律的基础上，即可求得剪切模量

$$G = \frac{\Delta T L_0}{\Delta \phi I_p} \tag{2.7}$$

式中：ΔT 为扭矩增量；$\Delta \phi$ 为相对扭转角增量；I_p 为圆截面的极惯性矩。

镜式转角仪简介：镜式转角仪是利用小镜片随试样变形而感受偏转，按光杠杆原理放大来测量试样在弹性范围内的微小角变形的仪器，它由变形感受机构和读数机构两部分所组成。变形感受机构是用夹具固定于试样上的平面反射镜。如图 2-15 所示，支架 3 可绕夹具体上的销柱 4 水平转动，而转动调节螺钉 1 可调节反射镜 2 的仰角。读数机构则由望远镜和刻度尺组成，安装在三脚架上。

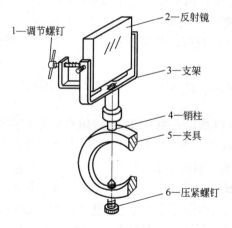

图 2-15　变形感受机构

镜式转角仪**工作原理**：工作原理如图 2-16 所示。用压紧螺钉 6 将环形开口夹具体 5 及反射镜 2 一并固定在试样欲测转角的截面上，在距离反射镜 L 远处安装读数机构（望远镜和刻度尺）。实验前，细心调整望远镜及反射镜，并使望远镜筒的轴线与反射镜片平面垂直，便可由望远镜中"+"字线上读出由镜片反射来的标尺刻度值 A_0。当被测截面转动 ϕ 角后，镜片亦随之转动相同的角度 ϕ（图 2-16 中点画线所示），此时望远镜中读数变为 A_1。

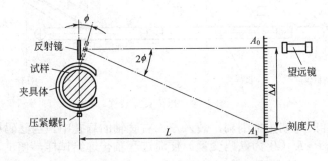

图 2-16 镜式转角仪工作原理

由几何关系可得

$$\tan 2\phi = \frac{A_1 - A_0}{L} = \frac{\Delta A}{L}$$

当 ϕ 很小时，$\tan 2\phi \approx 2\phi$，故

$$\phi = \frac{\Delta A}{2L} \text{ （rad）} \tag{2.8}$$

镜式转角仪**操作使用方法**：

1）安装变形感受机构：将反射镜 2 和支架 3 装在夹具体 5 上，并使夹具体刃口对准欲测转角的截面。

2）装读数机构：将望远镜和刻度尺安装在三脚架上，并使刻度尺与反射镜的距离为 L，望远镜筒与反射镜面相垂直。

3）调整读数机构：先对距望远镜约为 $2L$ 的目标进行观察，调整好望远镜的焦距。然后将望远镜对准反射镜，同时配合调整望远镜（可作上、下、左、右转动或前、后移动）和反射镜（可在水平或垂直方向转动），使之能从望远镜中清晰地看见反射来的标尺刻度。最后再微微调整望远镜（或反射镜）的仰角，以使镜筒中的"+"字线对准标尺上某一初始刻度线（例如"0"刻度线）。完成上述调整后即可进行测量。

4）注意事项：不得用手触摸望远镜头及反射镜面。若镜头或镜面上有灰尘或污物时，应用软毛刷或擦镜纸除去。

（2）测定低碳钢的 $\tau_{eL}(\tau_s)$、$\tau_m(\tau_b)$ 和铸铁的 $\tau_m(\tau_b)$ 并绘制扭转图（在微机控制扭转试验机上进行）

1）低碳钢扭转图如图 2-17 所示。图中起始直线段 OA 表明试样在此阶段中的 T 与 ϕ 成正比例关系，截面上的切应力呈线性分布，如图 2-18a）。在 A 点处，T 与 ϕ 的比例关系开始破坏，此刻截面周边上的切应力达到了材料的**剪切屈服强度** τ_e，相应的扭矩记为 T_p。这时，由于截面内部的切应力尚小于 τ_e，故试样仍具有承载能力，T-ϕ 曲线呈继续上升的趋势。

扭矩超过 T_p 后，截面上的切应力分布发生变化，如图 2-18b）所示。在截面上出现了一个环形塑性区。随着 T 的增加，塑性区逐渐向中心扩展，T-ϕ 曲线微微上升，直至 B 点趋于平坦，这时的塑性区几乎占了全部截面，如图 2-18c）所示。下屈服扭矩 T_{eL} 可由试验机显示屏自

动显示出来。所以**下屈服强度** τ_{eL} 近似为

$$\tau_{eL} = \frac{3}{4} \cdot \frac{T_{eL}}{W_t} \tag{2.9}$$

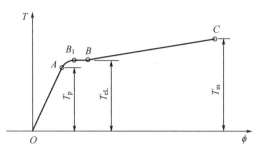

图 2-17　低碳钢删除扭转图

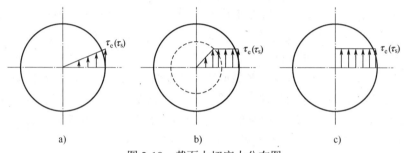

图 2-18　截面上切应力分布图

a）$T \leqslant T_p$ 时　b）$T_p < T < T_e$ 时　c）$T = T_e$ 时

式中，$W_t = \dfrac{\pi}{16} d^3$ 为圆形截面试样的抗扭截面系数。

继续给试样加载，试样将继续变形，材料进一步强化。当达到 $T\text{-}\phi$ 曲线最高点 C 时，试样被剪断。此时，最大扭矩 T_m 仍由试验机显示屏自动显示出来。与式（2.9）相应，**抗扭强度** τ_m 为

$$\tau_m = \frac{3}{4} \cdot \frac{T_m}{W_t} \tag{2.10}$$

为便于进行实验结果的对比，GB/T 10128—2007《金属材料　室温扭转实验方法》规定，低碳钢扭转时的下屈服强度 τ_{eL}（剪切屈服极限 τ_s）和抗扭强度 τ_m（剪切强度极限 τ_b）按弹性扭转公式计算，分别为

$$\tau_{eL} = \frac{T_{eL}}{W_t}, \quad \tau_m = \frac{T_m}{W_t} \tag{2.11}$$

2）铸铁的 $T\text{-}\phi$ 曲线如图 2-19 所示。从开始受扭直至破坏都近似为一直线。故按弹性应力公式计算其抗扭强度。

$$\tau_m = \frac{T_m}{W_t} \tag{2.12}$$

试样受扭，材料处于纯剪应力状态。在垂直于杆轴和平行于杆轴的各平面上，作用着切应力，而在与杆轴成 45° 角的螺旋面上则分别作用着 $\sigma_1 = \tau$、$\sigma_3 = -\tau$ 的主应力，如图 2-20 所

示。由于低碳钢的抗剪能力低于其抗拉能力，故试样沿横截面剪断；而铸铁的抗拉能力低于其抗剪能力，故试样从表面某一薄弱处沿与轴线成 45° 方向拉断成一螺旋面。

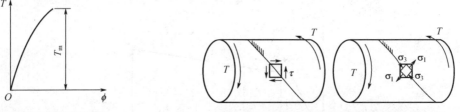

图 2-19　铸铁扭转图　　　　　图 2-20　试样受扭的表面单元体应力分布图

4. 实验方法及操作步骤

（1）在扭转实验装置上验证胡克定律

1）测量试样的直径 d_0（测 d_0 时，仍是在标距 L_0 范围内分别取两端及中间 3 处截面，每一截面分别沿两正交方向各测一次取其平均值，最后取 3 处截面的平均值作为试样的计算直径 d_0，然后将试样安装在实验装置的左、右套轴的扁孔中。本实验所用试样材料为 45# 钢，标距 $L_0 = 80$ mm，杠杆 $R = 200$ mm。

2）在试样标距 l_0 的两端（即 A、B 截面上）各安装一面反射镜，同时将望远镜及刻度尺安装在三脚架上。然后测量并调整使反射镜至转角仪刻度尺的距离 $L = 1000$ mm。此后，调整望远镜使之能清晰地看到由反射镜反射而来的刻度尺像。最后再微调反射镜（或望远镜）的仰角，使望远镜中"+"字线对准刻度尺的"0"线。

3）逐级加上砝码（每次加 20N，相应的 $\Delta T = 4$ N·m）。每加一次后，由望远镜中分别读出 A、B 截面上反射镜所反射来的标尺刻度值"A"和"B"。直至砝码加至 140N（相应的 $T = 28$ N·m）为止。测量完毕后，小心卸下砝码。

（2）测定低碳钢的 τ_{eL}、τ_m，绘制扭转图

1）用千分尺测量试样的直径 d_0：在试样等直段内分别取两端及中间 3 个截面，每一截面在正交的两个方向上各测一次并取其平均值，然后取 3 个截面平均值中的最小者作为试样的计算直径 d_0。

2）安装试样：将试样安装在试验机的三爪夹头中，注意一定将试样夹紧。

3）进行实验：具体操作步骤参阅 4.2 微机控制扭转试验机操作步骤。

试样断裂后，将计算机上自动显示出的下屈服扭矩 T_{eL}、最大扭矩 T_m 值记录下来。同时，从夹头中将断裂试样取出，观察其断口形状。低碳钢扭转图可在实验完后打印出来（打印步骤：数据管理→报表→页面设置→报表预览→打印曲线）。

（3）测定铸铁的 τ_m 并绘制扭转图

方法步骤与上述测低碳钢时基本相同。只是铸铁试样在较小的扭转变形下就会被破坏。

试样破坏后，仍然是将计算机上自动显示出的最大扭矩 T_m 值记录下来，从夹头中取出断裂试样，观察其断口形状。然后打印出铸铁的扭转图（打印步骤同上）。

5. 实验结果处理

1）根据测试记录，分别计算出 A、B 截面的**转角**：

$$\phi_A = \frac{A}{2L_A} \text{（rad）}; \quad \phi_B = \frac{B}{2L_B} \text{（rad）}$$

再计算两截面的**相对扭转角**：$\phi = \phi_A - \phi_B$，及其增量$\Delta\phi$。观察增量$\Delta\phi$是否基本相等，从而验证扭转胡克定律。

2）按下式计算**切变模量**G_i，再求其算术平均值。

$$G_i = \frac{\Delta T \cdot L_o}{\Delta\phi_i \cdot I_p}; \quad G = \frac{1}{n}\sum_{i=1}^{n} G_i$$

式中，i 为加载级数，$i = 1, 2, 3, \ldots, n$。

3）根据实验记录，计算出**低碳钢**的下屈服强度和抗扭强度及**铸铁**的抗扭强度

$$\tau_{eL} = \frac{T_{eL}}{W_t}, \quad \tau_m = \frac{T_m}{W_t}$$

6. 破坏性实验注意事项

1）验证胡克定律实验时，砝码的加放、取下均应缓慢平稳，避免冲击。

2）铸铁扭转时，应加防护罩，以防碎片伤人。

7. 预习思考题和复习问答题

完成 5.1 中与本实验相关的预习思考题和 5.2 中与本实验相关的复习问答题。

2.3 纯弯曲正应力实验

1. 实验目的

1）用电测法测定梁纯弯曲时横截面上正应力的大小及其分布规律。

2）与理论值进行比较，验证弯曲正应力公式。

3）学习实验数据的图示方法。

2. 主要设备、仪器

1）材料力学实验台（或使用电子式动静态力学组合实验台中的纯弯曲梁实验装置、互动式普及型材料力学创新实验平台）。

2）XL2118 C 型力 & 应变综合参数测试仪或 DZY-B 型动静态综合测试仪。

3）游标卡尺、钢片尺。

3. 实验原理及装置

本实验所用装置如图 2-21 所示。将一钢直梁简支在实验台 A、B 两支座上。转动手轮，通过承力下梁和加载杆对其施加载荷，使梁 CD 段承受纯弯矩作用。

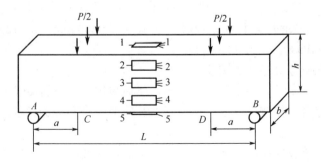

图 2-21 纯弯曲实验装置

则弯曲正应力
$$\sigma = \frac{My}{I_z} \qquad (2.13)$$

式中　M 为梁截面上的弯矩，$M = \dfrac{Pa}{2}$；y 为所求应力点至中性轴的距离；I_z 为梁横截面对中性轴的惯性矩，$I_z = bh^3/12$。

若在梁 CD 段的侧面分别沿不同高度（即不同的 y 值）刻划平行于梁轴线的线段 1—1、2—2、3—3、4—4、5—5，并使 3—3 处于中性层上，以这些线段来表示梁的纵向纤维。当梁弯曲时，上述线段的长度亦将发生变化，即产生应变（中性层上的 3—3 除外）。

现将 5 枚应变片分别贴于上述 5 条刻线上，便可用应变仪实测出上述各刻线处的应变 $\varepsilon_{实}$ 来。然后根据单向胡克定律，即可求出各刻线处的实测应力。

$$\sigma_{实} = E\varepsilon_{实} \qquad (2.14)$$

式中，E 为梁所用材料的弹性模量。

为便于检验实验结果的线性度及减小设备仪器等的机构间隙所导致的误差，仍采用"等值增量法"加载实验。每次增加一相等的载荷增量 ΔP，同时测出各点相应的应变增量 $\Delta\varepsilon$，然后取各点应变增量的平均值 $\Delta\overline{\varepsilon}_{实}$，并计算出相应的实测应力增量的平均值

$$\Delta\overline{\sigma}_{实} = E \cdot \Delta\overline{\varepsilon}_{实} \qquad (2.15)$$

再计算出应力增量的理论值
$$\Delta\sigma_{理} = \frac{\Delta My}{I_z} = \frac{6\Delta Pa}{bh^3}y \qquad (2.16)$$

并将二者进行比较，从而验证弯曲正应力公式的正确性。

4. 实验方法及操作步骤

（1）准备试样

用游标卡尺分别测出梁截面尺寸：宽度 b，高度 h，并在其中段一侧面上刻划平行于梁轴线的线段 1—1、2—2、3—3、4—4、5—5，使 1—1 和 5—5 至中性层的距离为 $h/2$，2—2 和 4—4 至中性层的距离为 $h/4$，3—3 处于中性层上。取 6 枚电阻应变片，以专用胶水将其中 5 枚分别粘贴在上述 5 条刻线上作为工作片（贴片时，应使片子的中心线与刻线重合，其长度方向沿被测变形的方向）；而另一枚应变片则贴于补偿块（其材料与梁相同）上，作为温度补偿片。贴好后烘干并焊上引出线（上述工作所需时间较长，故事先已准备好）。

（2）实验装置

按图 2-21 所示，在实验台上架好梁，安装好传感器及压头，再装上承力下梁和加载杆，调整好弯曲支座，并记录有关装置参数（本实验取 $l = 600\ \text{mm}$、$a = 125\ \text{mm}$、$h = 40\ \text{mm}$、$b = 20\ \text{mm}$、$E = 210\ \text{GPa}$）。

（3）准备力&应变综合参数测试仪

实验前打开力&应变综合参数测试仪预热，然后采用 1/4 桥的接线方法，分别将 5 枚应变片接于力&应变综合参数测试仪上，调整好力&应变综合参数测试仪。

（4）加载

本实验仍然采用**等值增量**的方法进行加载。所需最大载荷 $P_{\max} = 2500\ \text{N}$，分 5 次进行加载，每次增加 500 N 的载荷，分别记录下各点的应变读数。

5. 实验结果处理及数据图示法

1）根据测试记录，计算出各点实测应力增量的平均值：$\Delta\bar{\sigma}_{实} = E\Delta\bar{\varepsilon}_{实}$。以及各点应力增量理论值

$$\Delta\sigma_{理} = \frac{6\Delta Pa}{bh^3}y$$

2）计算出截面上应力增量理论值与实测应力增量平均值的相对误差

$$\eta = \frac{\Delta\sigma_{理} - \Delta\bar{\sigma}_{实}}{\Delta\sigma_{理}} \times 100\%$$

3）以横轴表示各测点的应力 σ，纵轴表示各测点距梁轴线的距离 y，将各点的 $\Delta\bar{\sigma}_{实}$ 与 $\Delta\sigma_{理}$ 以不同的符号点画在同一坐标平面内，分别描绘出梁横截面上实验应力与理论应力分布曲线。

4）实验数据的表示方法，除列表法、数学方程法外，尚有图示法。

图示法及作图方法简介：

所谓**图示法**，即在坐标纸（毫米方格纸）上，描绘出两个或两个以上的物理量之间相互关系的一条图线。在材料力学中，相互关系的物理量有力和位移、应力与应变、应力与循环次数、应力与柔度等。用图示法表达，能直观地描述它们间的相互依从关系，是实验数据整理的一种重要方法。实验图线的具体作法及规则如下（结合例图 2-22）。

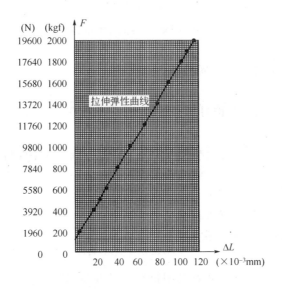

图 2-22　图示法示例

1）选择坐标纸：**坐标纸**有直角坐标纸、极坐标纸、对数坐标纸。材料力学实验常用的是直角坐标纸，少数需用对数坐标纸。

2）选择坐标轴：通常以横轴代表自变量，纵轴代表因变量，并绘出粗细适当的两正交直线，以分别表示横轴及纵轴。在轴的末端注明其所代表的物理量及其单位，二者以逗号或括号分开。

3）定比例尺：坐标轴上的长度与它所代表的物理量值之间的比例取得适当与否，乃是图线质量的关键。所以比例尺的选定应符合下述原则：

① 每一坐标轴应完整，充分地包含全部实验数据，充分利用图纸幅面，使图线大小适当，避免过大而形成顶格或出格，或过小而使图线偏于边角。

② 纵轴与横轴的单位长度所取的比例可以不同，两轴的交点亦可不从零开始，但应小于数据中的最小值，并取整数为起点。

③ 坐标轴上应相隔一定的长度来分度，并用整数标度。标度时应注意读数方便，以便图线上每个点的坐标无须计算就能读出。标度值以 1、2、5 为宜，避免使用 3、6、7、9 等值，字体要整齐醒目。

④ 图线上各点坐标值所代表的有效数学位数，大体应与实验数据中有效数字位数相同。例如：轴上最小分度值与该物理量测量仪器的最小分度值相同。

⑤ 如果分度值太大或过小，可将 10 的幂次因子（如 $\times 10^3$、$\times 10^6$ 等）提出置于坐标轴上最大值的右边。

4）描点：根据实验数据，分别在两坐标轴平面内描出各数据的确定位置，用以点为中心的"⊙""×""Δ"等符号表明。如果图上只有一条图线，通常以"⊙"表示；如有多条图线，则每条图线应各自采用一种符号表示，并在图上加以注明。

5）绘图线：图线应是光滑、匀整的连续线；图线应与所有的点子接近，即不能通过图线的点子可抛弃，但应使抛于图线两旁的点子数大致相等；图线不必通过上、下两个端点，因端点（尤其是下端点）精度较差；也不必非从"0"开始。

6）书写图名：在图的顶部或底部空白处书写简洁而完整的图名。可以将纵轴代表的物理量书写在前，而横轴所代表的物理量书写在后，二者之间用"-"号相连来表示图名。如 P-ΔL 曲线图，在图名下方，可加必要的实验条件及图注。

6. 预习思考题和复习问答题

完成 5.1 中与本实验相关的预习思考题和 5.2 中与本实验相关的复习问答题。

2.4 金属材料弹性常数 E、μ 的测定

1. 实验目的

1）用两种方法测定钢材的弹性模量 E 及泊松比 μ。

2）进一步熟悉电桥的多种接桥方法。

2. 主要设备、仪器

1）材料力学实验台（或互动式普及型材料力学创新实验平台）。

2）XL2118 C 型力&应变综合参数测试仪。

3. 实验原理及装置

本实验采用纯弯曲实验装置和拉伸实验装置。

（1）纯弯曲实验装置

在纯弯曲梁的下表面沿纵向和横向分别粘贴两枚应变片 5#、6#，如图 2-23 所示，可采用不同的接桥方法，测出各应变片应变值的大小。则材料弹性模量 E 的测试值为

$$E = \frac{\sigma_{理}}{\varepsilon_{纵}} = \frac{My}{I_z \varepsilon_{纵}} \tag{2.17}$$

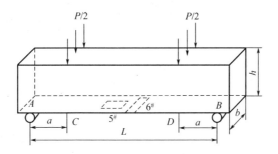

图 2-23　纯弯曲实验装置

材料的泊松比 μ 为
$$\mu = \left| \frac{\varepsilon_{横}}{\varepsilon_{纵}} \right| \qquad (2.18)$$

（2）拉伸实验装置

在截面为矩形的板状拉伸试样的前、后两面轴线上，沿纵向粘贴两枚应变片 R_1 和 R_2；同时沿横向也粘贴两枚应变片 R_3 和 R_4，如图 2-24 所示。

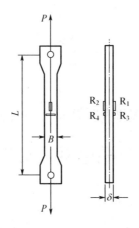

图 2-24　拉伸实验装置

同样可采用多种接桥方法，测得各应变片应变值的大小。则材料弹性模量 E 的测试值为

$$E = \frac{\sigma_{理}}{\varepsilon_{纵}} = \frac{P}{A\varepsilon_{纵}} \qquad (2.19)$$

材料的泊松比 μ 为
$$\mu = \left| \frac{\varepsilon_{横}}{\varepsilon_{纵}} \right|$$

4. 实验方法及步骤

本次实验仍然采用等值增量的方法进行加载。

1）在纯弯曲实验装置上测各应变片的读数。

2）在拉伸实验装置上测各应变片的读数。

5. 实验结果处理
（1）弯曲实验装置

计算测点处弯曲正应力增量的理论值　　　$\Delta\sigma_{理}=\dfrac{\Delta My}{I_Z}$　　　　　　（2.20）

计算弹性模量 E 的测试值　　　　　　　$E=\dfrac{\Delta\sigma_{理}}{\Delta\varepsilon_{纵}}$　　　　　　（2.21）

计算泊松比 μ　　　　　　　　　　　　$\mu=\left|\dfrac{\overline{\Delta\varepsilon_{横}}}{\overline{\Delta\varepsilon_{纵}}}\right|$　　　　　　（2.22）

（2）拉伸实验装置

计算拉伸应力增量的理论值　　　　　　　$\Delta\sigma_{理}=\dfrac{\Delta P}{B\delta}$　　　　　　（2.23）

计算弹性模量 E 的测试值　　　　　　　$E=\dfrac{\Delta\sigma_{理}}{\Delta\varepsilon_{纵}}$

计算泊松比 μ　　　　　　　　　　　　$\mu=\left|\dfrac{\overline{\Delta\varepsilon_{横}}}{\overline{\Delta\varepsilon_{纵}}}\right|$

6. 预习思考题和复习问答题
完成 5.1 中与本实验相关的预习思考题和 5.2 中与本实验相关的复习问答题。

2.5　粘贴电阻应变片实验

1. 实验目的
1）了解电测法的基本原理。
2）初步掌握应变片的粘贴技术。
3）学习贴片质量检查的一般方法。
4）为以后的电测实验及综合性、设计性实验打好基础。
2. 主要设备、仪器及材料
1）万用表、兆欧表。
2）矩形钢件试样一块。
3）电阻应变片、502 快干胶、连接导线、接线端子。
4）石蜡或硅橡胶密封剂。
5）电烙铁、松香、焊锡、丙酮、砂纸、脱脂棉、镊子等。
3. 电测法基本原理
所谓电测法，即是将电阻应变片（以下简称应变片）牢固地粘贴在被测构件上，当构件变形时应变片的电阻值随之发生相应的改变。然后通过电阻应变仪测出这一电阻的改变量并换算成应变值指示出来（或用记录仪记录下来）。

应变片及工作原理：

应变片是将应变变化量转换为电阻变化量的转换元件。它一般由金属电阻丝构成。对于单根金属电阻丝，由物理学可知其阻值

$$R = \rho \frac{l}{A} \tag{2.24}$$

如果电阻丝受轴向拉（压）力作用如图 2-25 所示，则式（2.23）中的 l、A、ρ 都将发生变化。将式（2.23）两端取对数

$$\ln R = \ln \rho + \ln l - \ln A$$

然后取导数

$$\frac{\mathrm{d}R}{R} = \frac{\mathrm{d}\rho}{\rho} + \frac{\mathrm{d}l}{l} - \frac{\mathrm{d}A}{A} \tag{2.25}$$

式（2.24）中：$\mathrm{d}l/l$ 为纵向线应变。$\mathrm{d}A/A$ 表示金属丝长度变化时，由于横向效应而引起的截面积相对改变。

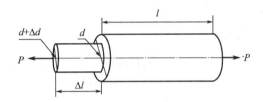

图 2-25　电阻丝

对于圆截面直径为 D 的金属丝而言，其横截面积 $A = \pi D^2 / 4$，将其两端取对数再微分，则

$$\frac{\mathrm{d}A}{A} = 2 \frac{\mathrm{d}D}{D}$$

根据纵向应变 $\mathrm{d}l/l$ 与横向应变 $\mathrm{d}D/D$ 之间的关系 $\dfrac{\mathrm{d}D}{D} = -\mu \dfrac{\mathrm{d}l}{l}$ 即可得出

$$\frac{\mathrm{d}A}{A} = -2\mu \frac{\mathrm{d}l}{l} \tag{2.26}$$

式中，μ 为金属材料的泊松比。

式（2.25）中：$\mathrm{d}\rho/\rho$ 为金属丝电阻率的相对变化。目前与实验结果较为相符的解释认为：金属丝电阻率的变化率与其体积的变化率 $\mathrm{d}V/V$ 之间呈线性关系，即

$$\frac{\mathrm{d}\rho}{\rho} = m \frac{\mathrm{d}V}{V}$$

又，由材料力学可知，在单向应力状态下

$$\frac{\mathrm{d}V}{V} = (1 - 2\mu) \frac{\mathrm{d}l}{l}$$

因而有

$$\frac{\mathrm{d}\rho}{\rho} = m(1 - 2\mu) \frac{\mathrm{d}l}{l} \tag{2.27}$$

式中，m 是与金属丝材料及其加工方法有关的常数。

将式（2.26）、式（2.27）代入式（2.25）得

$$\frac{\mathrm{d}R}{R} = \left[(1+2\mu) + m(1-2\mu)\right]\frac{\mathrm{d}l}{l}$$

将上式中括号内的常数记为 K，则

$$\frac{\mathrm{d}R}{R} = K\frac{\mathrm{d}l}{l} = K\varepsilon \tag{2.28}$$

或近似于

$$\frac{\Delta R}{R} = K\frac{\Delta l}{l} = K\varepsilon \tag{2.29}$$

式（2.29）说明：电阻丝的电阻变化率是其所产生的应变变化的 K 倍。实验证明，K 值在很大范围内保持常量。故二者的变化率呈线性关系。这便是**应变片测量应变的理论基础**。

由式（2.29）可得：

$$K = \frac{\Delta R / R}{\Delta l / l} = \frac{\Delta R / R}{\varepsilon} \tag{2.30}$$

式中，K 称为**电阻丝灵敏系数**。它表示应变片电阻变化率 $\Delta R / R$ 与试样表面轴向应变 $\Delta l / l$ 之比。K 值由生产厂通过标定给出。

如将电阻丝 AB 粘贴在被测构件上，它将随同构件受力变形而发生变形，如图 2-26 所示。此时，电阻丝的应变即反映了构件在 AB 长度内的应变。电阻丝因应变而产生了电阻增量，于是将非电量的应变 ε 转换为电参量 ΔR 了。

图 2-26　粘贴在被测构件上的电阻丝

目前，常用的有丝式应变片、箔式应变片、半导体应变片等。丝式应变片是由金属电阻丝（即敏感元件）绕成丝栅（敏感栅），并用特种胶水粘贴在基底和基盖之间，丝栅的两端还焊有两根引出线供连接测量线路之用，如图 2-27 所示。

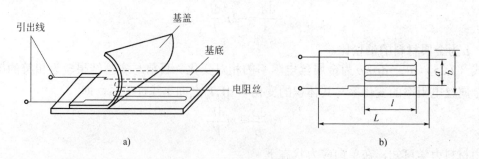

图 2-27　丝式应变片的结构

应变片的规格很多，需根据被测对象的尺寸及应力分布情况来选用。例如，在轴向均匀的应力场中测定正应力，则视试样的尺寸尽可能选用基长、基宽大的应变片；在沿高度变化的纯弯曲应力场中测正应力，则尽可能选用基长大、基宽小的应变片；而在应力逐点发生变化的局部应力场中，为了真实地反映"点"的应力，则选用的应变片的尺寸越小越好。总而

言之，应变片尺寸大，所感受的平均应变量多，有利于提高测量精度；应变片尺寸小，能较好地反映"点"的应力，但所感受的平均应变量则少。故需权衡二者，合理选用。

4. 实验方法及操作步骤

1）将试样清理干净，按照贴片工艺要求，沿标志线粘贴应变片。

2）检查贴片质量，合格后涂敷保护层。

应变片粘贴工艺：

在电测应变分析中，构件表面的应变通过粘结层传递给应变片。测量数据的可靠性很大程度上依赖于应变片的粘贴质量。这就要求粘结层薄而均匀，无气泡，充分固化，既不产生蠕滑又不脱胶。应变片的粘贴全由手工操作，要达到位置准确，质量优良，全靠反复实践积累经验。应变片粘贴工艺包括下列几个过程：

（1）应变片的筛选

应变片的丝栅或箔栅要排列整齐，无弯折，无锈蚀斑痕，底基不能有局部破损。经筛选后的同一批应变片，要用万用表逐片测量电阻值，其电阻值相差不应超过 0.5Ω（欧姆）。

（2）试样表面处理

为使应变片粘贴牢固，试样粘贴应变片的部位应刮去油漆层，打磨锈斑，除去油污。表面为贴片而处理的位置应大于应变片底基的 3 倍。若表面光滑，则用细砂纸打出与应变片轴线成 45° 的交叉纹路。打磨平整后，用划针沿贴片方位划出标志线。

贴片前，用蘸有丙酮（或四氯化碳）的药棉清洗试样的打磨部位，直至药棉上不见污渍为止。待丙酮挥发，表面干燥，方可进行贴片。

（3）应变片粘贴

常温应变片的粘结剂有 502（或 501）快干胶、环氧树脂胶、酚醛树脂胶等。在寒冷或潮湿的环境下，贴片前，最好用电吹风的热风使贴片部位加热至 30～40℃。贴片时，在粘贴表面先涂一层粘结剂。用手指捏住(或镊子钳住)应变片的引出线，在基底上也涂上粘结剂，即刻放置于试样上，且使应变片基准线对准刻于试样上的标志线。盖上聚氯乙烯透明薄膜（或玻璃纸），用拇指沿应变片轴线朝一个方向滚压，手感由轻到重，挤出气泡和多余的胶水，保证粘结层尽可能薄而均匀，避免应变片滑动或转动，且加压 1～2 min，使应变片粘牢。轻轻揭去聚氯乙烯薄膜，观察粘贴情况。如在敏感栅部位有气泡，则应将此应变片铲除，清理干净后重新贴片；如敏感栅部位已粘牢，只是基底边缘翘起，则只要在局部补充粘贴即可。

应变片粘贴后要待粘结剂完全固化后才可使用。不同种类的粘结剂固化要求各异。502胶可自然固化，但加热到 50℃左右可加速固化。酚醛树脂胶则必需加热才可固化。加热一般用恒温箱、反射炉、红外线灯或电吹风等。粘结剂固化前，用镊子把应变片引出线拉起，使它不与试样接触。

（4）导线的连接和固定

连接应变片与应变仪的导线，一般可用聚氯乙烯双芯多股铜导线或丝包漆包线。在强磁场环境中测量最好用多股屏蔽线，水下测量的塑料导线的外皮不能有局部损伤。导线与应变片引出线的连接最好用接线端子片作为过渡(图 2-29)。接线端子片用 502 胶固定在试样上，导线头和接线端子片上的铜箔应预先挂锡，然后将应变片引出线和导线焊接在接线端子片上。也可把应变片引出线直接缠绕在导线上，然后上锡焊接，并在焊锡头与试样之间用涤纶胶带隔开。不论用何种方法连接都不能出现"虚焊"。最后，用压线片将导线固定在试样上。

也可用胶布代替压线片将导线固定在试样上。

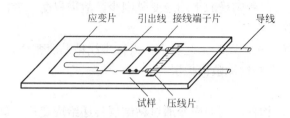

图 2-28　导线的连接和固定

（5）应变片粘贴工艺的质量检查

贴片质量的好坏是电测成败的关键，贴好应变片需要熟练的粘贴技术，还需要外观质量和内在质量的保证。

（6）外观质量

粘贴于构件上的应变片，胶层应薄而均匀，透过敏感栅粘结剂具有透明感。粘结剂太少，粘贴时滚压不当，敏感栅部位将形成气泡，胶层不均匀，粘结剂太多造成应变片局部隆起，应变片发生折皱等都是不允许的，应铲除重贴。应变片引出线不能粘于构件上。如引出线与连接导线直接焊接，焊点应光亮饱满，引出线不外露。

（7）内在质量

应变片粘贴完后，用万用表测量其阻值。贴片前后应变片的电阻应无较大变化。如有较大变化，说明应变片粘贴时受过折皱，最好重贴。粘结剂固化后，用低压兆欧表测量引线与构件间的绝缘电阻。短期测量的应变片，绝缘电阻要求为 $50\sim100M\Omega$；长期测量或高湿度环境或水下测量，绝缘电阻要求在 $500M\Omega$ 以上。绝缘电阻的高低是应变片粘贴质量的重要指标，绝缘电阻偏低，应变片的零飘、蠕变、滞后都较严重，将引起较大的误差。粘结剂未充分固化也会引起绝缘电阻偏低，可用电吹风加热以加速固化。

导线焊接后应再一次测量电阻值和绝缘电阻。由于导线的电阻，使测出的电阻值略有增加是正常的。但读数漂移不定，一般是焊接不良所致，应重新焊接。导线连接后的绝缘电阻如发现低于导线连接以前的值，一般是接线端子片底基被烧穿引起的，应更换接线端子片。

（8）质量的综合评定

应变片粘贴工艺质量最终应由实测时的表现来评定。应变仪是高灵敏度的仪器，应变片接入应变仪后，那些通过外观检查、万用表测定都难以发现的隐患皆将暴露无遗。诸如，由于电阻值变化太大使电桥无法平衡；由于虚焊或绝缘电阻过低产生的漂移；由于气泡等原因，当用橡皮软件轻压应变片敏感栅时，引起应变指示较大的变化等。这些缺陷都应在正式测量之前，采取措施消除。

（9）应变片的防潮保护

粘贴好的应变片，如长期暴露于空气中，会因受潮降低粘结牢度，减小绝缘电阻，严重的会造成应变片剥离脱落。因此应敷设防潮保护层。

常温下的防潮剂有中性凡士林，703、704、705 硅橡胶，环氧树脂，石蜡等。中性凡士林使用简便，但因易于揩掉，难以起到长期保护的作用。硅橡胶固化后有一定弹性，环氧树脂固化后较为坚硬，都是良好的保护剂。石蜡能长期防潮，按重量比的配方是：石蜡 75%，松香20％，凡士林5％。把配好的混合物加热熔化，蒸发水分，搅拌均匀，冷却到60℃左右即可使用。

防潮保护层涂敷之前，可把涂敷层加热至 40～50℃，以保证粘结良好。保护层厚约 1～2mm，周边超出应变片 10～20mm，最好将焊锡头及接线端子片都埋入防潮保护剂中。

5. 注意事项

502 快干胶粘结力很强，且有强烈的刺激性气味，应避免过量吸入，若皮肤或衣物被粘住，应以丙酮清洗，不要用力拉扯。

6. 预习思考题和复习问答题

完成 5.1 中与本实验相关的预习思考题和 5.2 中与本实验相关的复习问答题。

2.6　电阻应变片的接桥方法实验

1. 实验目的

1）掌握电阻应变片的半桥、全桥接桥方法。

2）了解电测法测量电路及其工作原理，练习应变仪的操作使用。

2. 主要设备、仪器及材料

1）电阻应变仪。

2）等强度梁。

3）电阻应变片。

3. 电测法测量电路及其工作原理

（1）测量电路电桥

通过电阻应变片可以将构件的应变转换成应变片的电阻变化，这种电阻变化通常很小。测量电路的作用就是将电阻应变片感受到的电阻变化率$\Delta R/R$，变换成电压（或电流）信号，再经过放大器将信号放大、输出。

测量电路有多种，惠斯登电桥是最常用的电路，现以直流电桥为例说明其测量原理，如图 2-29 所示。图中 4 个桥臂 AB、BC、CD、DA 的电阻分别为 R_1、R_2、R_3、R_4。在对角节点 A、C 上接电压为 E_1 的直流电源后，另一对角节点 B、D 为电桥输出端，输出端电压为 U_{BD}，且

$$U_{BD} = U_{AB} - U_{AD} = I_1 R_1 - I_4 R_4 \tag{2.31}$$

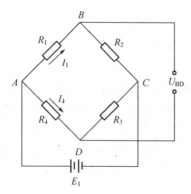

图 2-29　惠斯登电桥

由欧姆定律知
$$E_1 = I_1(R_1 + R_2) = I_4(R_4 + R_3)$$

故有
$$I_1 = \frac{E_1}{R_1 + R_2}, \quad I_4 = \frac{E_1}{R_4 + R_3}$$

代入式（2.31）经整理后得出

$$U_{BD} = E_1 \frac{R_1 R_3 - R_2 R_4}{(R_1 + R_2)(R_3 + R_4)} \tag{2.32}$$

当电桥平衡时，$U_{BD} = 0$。由上式得电桥的平衡条件为

$$R_1 R_3 = R_2 R_4 \tag{2.33}$$

设电桥 4 个臂的电阻改变量分别为 ΔR_1、ΔR_2、ΔR_3、ΔR_4，由式（2.32）得电桥输出端的电压为

$$U_{BD} + \Delta U_{BD} = E_1 \frac{(R_1 + \Delta R_1)(R_3 + \Delta R_3) - (R_2 + \Delta R_2)(R_4 + \Delta R_4)}{(R_1 + \Delta R_1 + R_2 + \Delta R_2)(R_3 + \Delta R_3 + R_4 + \Delta R_4)} \tag{2.34}$$

在电测法中，若电桥的 4 个臂 R_1、R_2、R_3、R_4 均为粘贴在构件上的 4 枚电阻应变片，构件受力后，电阻应变片的电阻变化 ΔR_i（$i = 1$，2，3，4）与 R_i 相比，一般是非常微小的。因而式中（2.34）中 ΔR_i 的高次项可以省略。在分母中 ΔR_i 相对于 R_i 也可省略。于是

$$U_{BD} + \Delta U_{BD} = E_1 \frac{R_1 R_3 + R_1 \Delta R_3 + R_3 \Delta R_1 - (R_2 R_4 + R_2 \Delta R_4 + R_4 \Delta R_2)}{(R_1 + R_2)(R_3 + R_4)} \tag{2.35}$$

由式（2.35）减去式（2.31），得

$$\Delta U_{BD} = E_1 \frac{R_1 \Delta R_3 + R_3 \Delta R_1 - R_2 \Delta R_4 - R_4 \Delta R_2}{(R_1 + R_2)(R_3 + R_4)} \tag{2.36}$$

这就是因电桥臂电阻变化而引起的电桥输出端的电压变化。如电桥的 4 个臂为相同的 4 枚电阻应变片，其初始电阻都相等，即 $R_1 = R_2 = R_3 = R_4 = R$，则式（2.35）化为

$$\Delta U_{BD} = \frac{E_1}{4}\left(\frac{\Delta R_1}{R} - \frac{\Delta R_2}{R} + \frac{\Delta R_3}{R} - \frac{\Delta R_4}{R}\right) \tag{2.37}$$

又
$$\frac{\Delta R}{R} = K\varepsilon$$

则
$$\Delta U_{BD} = \frac{E_1}{4}(\varepsilon_1 - \varepsilon_2 + \varepsilon_3 - \varepsilon_4) \tag{2.38}$$

式（2.38）表明，由应变片感受到的 $\varepsilon_1 - \varepsilon_2 + \varepsilon_3 - \varepsilon_4$，通过电桥可以线性地转变为电压的变化 ΔU_{BD}。只要对 ΔU_{BD} 进行标定，就可用仪表指示出所测定的 $\varepsilon_1 - \varepsilon_2 + \varepsilon_3 - \varepsilon_4$。式（2.37）、式（2.38）还表明，相邻桥臂的电阻变化率（或应变）相减，相对桥臂的电阻变化率（或应变）相加。这就是电桥具有的基本特性，又称为电桥的加减特性。利用电桥的这一特性，正确地布片和组桥，可以提高测量的灵敏度、减少误差、测取某一应变分量和补偿温度。

若 4 个桥臂电阻 R_1、R_2、R_3、R_4 全部用应变片接成桥路，称为"**全桥联接**"；若只有两个桥臂电阻 R_1、R_2 用应变片，其余两个桥臂电阻 R_3、R_4 使用应变仪内部的固定电阻，此种联接则称为"**半桥联接**"。

（2）测量桥路的联接

常用的测量电桥基本联接方式有以下几种：

1）单臂测量（又称 1/4 桥）。电桥 4 桥臂中仅有 R_1 为工作应变片，其余为固定（标准）电阻，如图 2-30a 所示，单臂测量时的输出电压为

$$\Delta U_{BD} = \frac{E_1}{4} K \varepsilon_1 \qquad (2.39)$$

即：输出电压的大小与 ε_1 的绝对值成正比，输出电压极性由应变性质决定（拉应变为正、压应变为负）。

2）半桥测量（又称 1/2 桥）。电桥 4 个桥臂中相邻两桥臂 R_1、R_2 为工作应变片，其余为固定（标准）电阻，如图 2-30b 所示，其输出电压为

$$\Delta U_{BD} = \frac{E_1}{4} K \left(\varepsilon_1 - \varepsilon_2 \right) \qquad (2.40)$$

即：输出电压与两桥臂应变值的代数差成正比，极性由代数差的符号决定。半桥接法通常用于以下两种情况：

情况 1：两臂的应变大小相等而符号相反，即：$\varepsilon_2 = -\varepsilon_1$，则式（2.40）括号内为 $2\varepsilon_1$，输出电压为相同情况的两倍。

情况 2：两臂的应变大小相等而符号相同，即：$\varepsilon_2 = \varepsilon_1$，则式（2.40）括号内为零，输出电压为零。这种接法用于"温度补偿"，详见下页）。

3）全桥测量。电桥 4 桥臂都接有工作应变片，如图 2-30c）所示，其输出电压按式（2.38）计算。在全桥接法中，可充分利用电桥相邻桥臂信号代数相减、相对桥臂信号代数相加的特性，合理联接有关的应变片，以获得所需的应变测量结果。全桥测量也具备温度补偿功能。

4）桥臂内应变片的串联与并联。有时需要在一个桥臂内并联或串联两枚以上的应变片，为便于电桥初始平衡，其相邻桥臂也作同样的并联或串联，分别如图 2-30d）～e）所示。

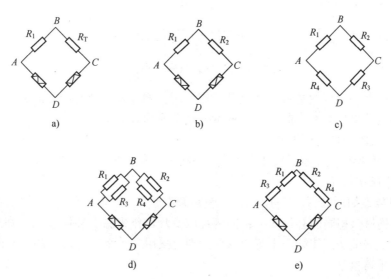

图 2-30 应变片的联接

在相同的桥压下对相同的被测应变量，桥臂内应变片的串联或并联均不能提高（也不能降低）电桥的输出电压。采用这些联接的目的是：串联可从两个应变量中分离出一个需要的

应变量；而并联可以得到较大的输出电流。

（3）温度补偿

贴有应变片的构件，总是处于有温度变化的环境中。由于环境温度的变化，将会使构件在不受力的情况下产生"附加应变"。这一现象叫做应变片的"温度效应"。引起温度效应的主要原因在于：应变片敏感栅材料的阻值随温度而改变以及应变片材料的线胀系数与被测材料的线胀系数一般均不相同。因此，当温度改变时，应变片与被测材料由于温差所引起的变形也不一致，这也将产生附加应变。

由于温度效应所产生的附加应变是虚假应变，但它又伴随真实的应变值同时反映出来，由此而引起的测量误差有时十分严重，故必须予以排除。消除温度效应的措施，叫做"温度补偿"。

温度补偿最简便的方法是利用布片和联接电桥电路来实现。将一片规格型号、材料及灵敏系数与工作片 R_1（即贴于被测构件上的应变片）相同的应变片 R_t（称为温度补偿片），粘贴在一块与被测构件材料相同但不受力的试样上（或直接粘贴在被测构件上不受力而又距被测点较近的部位），并将这一贴有补偿片的"温度补偿块"和被测构件置于同一温度场中，采用规格和长度相同的导线按相同走向接至应变仪，联接成半桥电路，使工作片与补偿片处于相邻桥臂。这时，工作片所反映的应变量 ε_1 中，同时伴有受力所产生的应变 ε_N 和温度产生的应变 ε_t，即

$$\varepsilon_1 = \varepsilon_N + \varepsilon_t$$

而补偿片由于它同工作片处于相同的温度变化环境中，但不受力，故只有温度所产生的应变。即

$$\varepsilon_2 = \varepsilon_t$$

由于是半桥联接，故 $\varepsilon_3 = \varepsilon_4 = 0$。应变仪上所读得的数值 ε_{ds} 为

$$\varepsilon_{ds} = \varepsilon_1 - \varepsilon_2 + \varepsilon_3 - \varepsilon_4 = (\varepsilon_N + \varepsilon_t) - \varepsilon_t = \varepsilon_N$$

于是，从应变仪上所读得的数值，就只是工作片所在测点处受力所产生的应变。从而消除了温度变化对测量结果的影响，起到了"温度补偿"作用。

（4）应变仪的操作使用方法

应变仪型号种类较多，本书仅介绍两种，其操作使用方法，请参看 4.3、4.4 节仪器介绍。

4. 实验原理及装置

实验所用装置如图 2-31 所示。在一等强度梁的上、下表面分别粘贴应变片 R_1、R_2、R_3、R_4。在与梁材料相同的补偿块上粘贴两片应变片，作为温度补偿片 R，在梁的自由端加砝码，对梁施加载荷 P，使梁产生弯曲变形，则可采用多种组桥方法，测取不同的应变值。

（1）半桥单臂接法

将等强度梁上表面的应变片 R_1 与温度补偿片 R 接成半桥单臂形式，另外半桥由应变仪内部的电阻组成，可得 $\varepsilon_{ds} = \varepsilon_1$。即应变仪读数是等强度梁上被测点的实际应变。

（2）半桥双臂接法

将等强度梁上表面的应变片 R_1 与下表面应变片 R_2 接成半桥双臂形式，可得 $\varepsilon_{ds} = \varepsilon_1 - (-\varepsilon_2) = 2\varepsilon_1$。

即应变仪读数是等强度梁上被测点的实际应变的 2 倍。

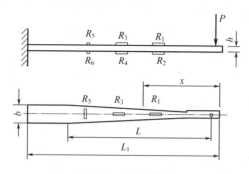

图 2-31 等强度梁

（3）全桥接法

将等强度梁上表面的应变片 R_1 和 R_3 与下表面应变片 R_2 和 R_4 接成全桥形式，可得 $\varepsilon_{ds}=\varepsilon_1-(-\varepsilon_2)+\varepsilon_3-(-\varepsilon_4)=4\varepsilon_1$。即应变仪读数是等强度梁上被测点的实际应变的 4 倍。

5. 实验方法及操作步骤

1）采用半桥单臂接法，测量等强度梁上的应变。

2）采用半桥双臂接法，测量等强度梁上的应变。

3）采用全桥接法，测量等强度梁上的应变。

4）采用桥臂内应变片的并联与串联接法，测量等强度梁上的应变。

采用"等值增量法"加载实验，每增加 30 N 的载荷，即 $\Delta P=30$ N，读取一次应变读数值，分 5 次进行加载，最大载荷 $P_{max}=150$ N。

6. 注意事项

1）加载要缓慢平稳。

2）测完所需数据后，应立即反向旋转加载手轮卸去载荷。

7. 预习思考题和复习问答题

完成 5.1 中与本实验相关的预习思考题和 5.2 中与本实验相关的复习问答题。

2.7 弯扭组合变形时主应力的测定

1. 实验目的

1）用电测法测定平面应力状态下一点主应力的大小及方向，并与理论值进行比较。

2）练习应变花的使用。

2. 主要设备、仪器

1）电子式动静态力学组合实验台（或使用材料力学实验台中的弯扭组合变形装置、互动式普及型材料力学创新实验平台）。

2）DZY—B 型动静态综合测试仪或 XL2118C 型力&应变综合参数测试仪。

3）电脑一台。

3. 实验原理及装置

实验采用电子式动静态力学组合实验台上的弯扭实验装置，如图 2-32 所示。

图 2-32 所示为一薄壁圆筒，一端固定。另一端装一固定横杆，筒的轴线与杆的轴线彼此垂直，并且位于水平面内。在自由端加砝码 P，使圆筒发生弯曲和扭转组合变形。若截面 $a—b$ 为被测位置，由应力状态分析可知，薄壁圆筒表面上的 a、b 点处于平面应力状态。则截面上任一点（如 a 点）的应力状态如图 2-33 所示。弯曲正应力 σ 及切应力 τ 分别为

$$\sigma = \frac{M}{W_z}, \quad \tau = \frac{T}{W_t}$$

式中：M 为弯矩，$M = PL_2$；W_z 为抗弯截面系数，对空心圆筒：$W_z = \frac{\pi D^3}{32}\left[1-\left(\frac{d}{D}\right)^4\right]$；$T$ 为

扭矩，$T = PL_1$；W_t 为抗扭截面系数，对空心圆筒：$W_t = \frac{\pi D^3}{16}\left[1-\left(\frac{d}{D}\right)^4\right]$。

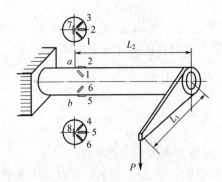

图 2-32　弯扭实验装置

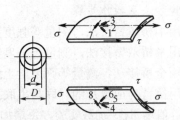

图 2-33　圆筒上下表面顶点处的单元体

在求得 σ 及 τ 后，即可根据两向应力状态下求主应力的解析式，分别计算出主应力的大小及方向的理论值

$$\left.\begin{array}{c}\sigma_1\\\sigma_3\end{array}\right\} = \frac{\sigma}{2} \pm \sqrt{\left(\frac{\sigma}{2}\right)^2 + \tau^2}, \quad \tan 2\alpha_0 = -\frac{2\tau}{\sigma} \tag{2.41}$$

平面应力状态下一点的主应力大小及其方向亦可用电测法实测。取一枚应变花贴在被测主应力的点上，然后用应变仪测出应变花所在 3 个方位的应变值，根据 3 个方位的实测应变值即可算出主应力的大小及方向。

应变花的种类较多，常用的有直角应变花（3 个应变片间相互夹角为 45°）；等角应变花（相互夹角为 60°）等。

若在 a 点处粘贴一直角应变花，使中间的应变片与圆筒母线一致，另外两个应变片则分别与母线成 ±45° 角。用电阻应变仪测量圆筒变形后应变花 3 个方位的实测应变值，分别以 $\varepsilon_{-45°}$、$\varepsilon_{0°}$、$\varepsilon_{45°}$ 来表示，则该点的主应变 $\varepsilon_{1实}$、$\varepsilon_{3实}$ 的大小及方向分别为

$$\left.\begin{array}{c}\varepsilon_{1实}\\\varepsilon_{3实}\end{array}\right\} = \frac{\varepsilon_{-45°} + \varepsilon_{45°}}{2} \pm \frac{\sqrt{2}}{2}\sqrt{(\varepsilon_{-45°} - \varepsilon_{0°})^2 + (\varepsilon_{45°} - \varepsilon_{0°})^2} \tag{2.42}$$

$$\tan 2\alpha_0 = \frac{\varepsilon_{45°} - \varepsilon_{-45°}}{2\varepsilon_{0°} - \varepsilon_{-45°} - \varepsilon_{45°}} \tag{2.43}$$

对于各向同性材料，主应变 $\varepsilon_{1实}$、$\varepsilon_{3实}$ 和主应力 $\sigma_{1实}$、$\sigma_{3实}$ 方向一致。在求得 $\varepsilon_{1实}$、$\varepsilon_{3实}$ 之后，便可根据两向胡克定律计算出主应力的大小：

$$\sigma_{1实} = \frac{E}{1-\mu^2}\left(\varepsilon_{1实} + \mu\varepsilon_{3实}\right) \tag{2.44}$$

$$\sigma_{3实} = \frac{E}{1-\mu^2}\left(\varepsilon_{3实} + \mu\varepsilon_{1实}\right) \tag{2.45}$$

4. 实验方法及步骤

1）记录装置参数。

2）选 a 或 b 点的应变片按 1/4 桥接线，测定主应力的大小和方向。

3）接好线后，打开 DZY—B 动静态综合测试仪，启动电脑。

4）在电脑的显示屏上打开图标"DZYB"进入实验登录界面，参看 4.3.2 学生软件使用方法。

5. 实验结果处理

1）按理论应力公式计算出主应力的大小和方向的理论值。

2）用实测出的 3 个方位的应变值 $\varepsilon_{-45°}$、$\varepsilon_{0°}$、$\varepsilon_{45°}$，计算主应变 $\varepsilon_{1实}$、$\varepsilon_{3实}$ 的大小及方向的实测值。

3）求得 $\varepsilon_{1实}$、$\varepsilon_{3实}$ 之后，便可用二向广义胡克定律计算出主应力的实测值。

4）将实测值与理论值进行比较，计算出相对误差：

$$\eta = \left|\frac{实测值-理论值}{理论值}\right| \times 100\%$$

6. 预习思考题和复习问答题

完成 5.1 中与本实验相关的预习思考题和 5.2 中与本实验相关的复习问答题。

2.8　压杆稳定实验

1. 实验目的

1）观察细长压杆失稳现象与特征，理解压杆"失稳"的实质。

2）测定两端铰支细长压杆的临界载荷 P_{cr}，以验证欧拉公式。

2. 主要设备、仪器及材料

1）XL3418 型材料力学实验台（或 DDT—4 型电子式动静态力学组合实验台、互动式普及型材料力学创新实验平台）。

2）XL2118C 型力&应变综合参数测试仪（或 DZY—B 型动静态综合测试仪）。

3）游标卡尺及钢片尺。

4）矩形截面的弹簧钢试样一根。

3. 实验原理及装置

对于两端铰支的细长压杆，其临界载荷的理论值为

$$P_{cr} = \frac{\pi^2 EI}{l^2} \tag{2.46}$$

式中：I 为压杆横截面的惯性矩，对于矩形截面 $I = bh^3/12$；l 为压杆的长度。

临界载荷公式是在小变形和"理想压杆"的条件下导出的。所谓理想压杆指的是：杆的轴线为几何上的理想直线，并且压力作用线完全与杆轴线重合。

在图 2-34b）中 AB 水平线与 P 轴相交的 P 值，即为依据欧拉公式计算所得的临界力 P_{cr} 的值。在 A 点之前，当 $P<P_{cr}$ 时压杆始终保持直线形式，处于稳定平衡状态。在 A 点，$P=P_{cr}$ 时，标志着压杆丧失稳定平衡的开始，压杆可在微弯的状态下维持平衡。在 A 点之后，当 $P>P_{cr}$ 时压杆将丧失稳定而发生弯曲变形。因此，P_{cr} 是压杆由稳定平衡过渡到不稳定平衡的临界力。

而实际中的压杆，在加工制造时，不可避免地会有一些初曲率，压力作用线也不可能毫无偏差地与杆轴线重合，因此使得在 $P<P_{cr}$ 时，压杆就会因偏心压缩而产生弯曲变形，这种弯曲变形随着压力的增加而不断增加。不过当 P 远小于 P_{cr} 时，弯曲变形增长很慢。当 P 接近 P_{cr} 时弯曲变形会突然增大，而丧失稳定。

本实验采用矩形截面的弹簧钢试样，在试样中段左右两端的截面上各粘贴一电阻应变片 R_1 和 R_2，将带有圆弧尖端的试样放在 V 形槽中（相当于两端铰支），转动手轮进行加载。实验装置如图 2-35 所示。

假设压杆受力后如图 2-34a）杆向左弯曲，以 ε_1 和 ε_2 分别表示应变片 R_1 和 R_2 左右两点的应变值，此时，ε_1 是轴向压应变与弯曲产生的拉应变的代数和，ε_2 则是轴向压应变与弯曲产生的压应变的代数和。

当 $P<<P_{cr}$ 时，压杆几乎不发生弯曲变形，ε_1 和 ε_2 均为轴向压缩引起的压应变，两者相等，当载荷 P 增大时，弯曲应变 ε_1 则逐渐增大，ε_1 和 ε_2 的差值也愈来愈大；当载荷 P 接近临界力 P_{cr} 时，二者相差更大，而 ε_1 变成拉应变。故无论是 ε_1 还是 ε_2，当载荷 P 接近临界力 P_{cr} 时，均急剧增加。如用纵坐标代表载荷 P，横坐标代表压应变 ε，则压杆的 P-ε 关系曲线如图 2-34b 所示。从图中可以看出，当 P 接近 P_{cr} 时，P-ε_1 和 P-ε_2 曲线都接近同一水平渐进线 AB，A 点对应的纵坐标大小即为实验临界载荷 P_{cr}。

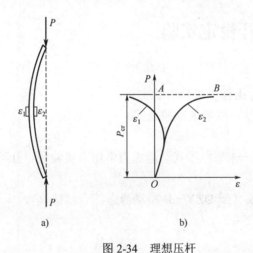 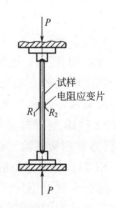

图 2-34　理想压杆
a）中间截面两侧的应变　b）P-ε_1 和 P-ε_2 曲线

图 2-35　压杆夹具及布片实验装置

4. 实验方法及操作步骤

1）测量试样的尺寸：分上、中、下 3 个截面测取试样的宽度 b，厚度 h，取其平均值用于计算横截面的惯性矩 I，同时测量试样长度 l。

2）安装试样。

3）拟订加载方案。

加载前用欧拉公式求出压杆临界压力 P_{cr} 的理论值，在预估临界力的 80% 以内，可采取大等级加载，进行载荷控制。例如可以分成 4～5 级，载荷每增加一个 ΔP，记录相应的应变值一次，超过此范围后，当接近失稳时，变形量快速增加，此时载荷量应取小些，或者改为变形量控制加载，即变形每增加一定数量读取相应的载荷。

4）根据加载方案，调整好实验加载装置。

5）将应变片 R_1 和 R_2 按半桥互补(或 1/4 桥)接好线，调整好仪器，检查整个测试系统是否处于正常工作状态。

6）加载分成两个阶段，在达到理论临界载荷 P_{cr} 的 80% 之前，由载荷控制，均匀缓慢加载，每增加一级载荷(如：$\Delta P = 100\ \text{N}$ 或 150 N)，记录一次相应的应变值 ε；超过理论临界载荷 P_{cr} 的 80% 之后，由变形控制，每增加一定的应变量（如：$50\mu\varepsilon$ 或 $100\mu\varepsilon$）读取相应的载荷值 P，直到载荷增量 ΔP 的变化很小，出现 4 组相同的载荷或渐进线的趋势已经明显时停止加载。

7）逐级卸掉载荷，仔细观察试样的变化，直到试样回弹至初始状态。关闭电源，整理好所用仪器设备，清理实验现场，将所用仪器设备复原，实验资料交指导教师检查签字。

5. 实验结果处理

1）设计记录表格，以纵轴表示载荷 P，横轴表示应变读数 ε，在坐标纸上绘制出 $P-\varepsilon$ 的实测曲线，从曲线上得出实验临界载荷 $P_{cr实}$。

2）计算临界载荷的理论值 $P_{cr理}$，与实测值进行比较，求出差异大小（即计算相对误差），并分析其原因。

6. 注意事项

勿使试样弯曲变形过大，以免应力超过比例极限，损害试样。

7. 预习思考题和复习问答题

完成 5.1 中与本实验相关的预习思考题和 5.2 中与本实验相关的复习问答题。

【注】（1）本章部分符号引自：①GB/T228-2010《金属材料室温拉伸试验方法》；
　　　　　　　　　　　　　②GB/T7314-2005《金属材料室温压缩试验方法》；
　　　　　　　　　　　　　③GB/T10128-2007《金属材料室温扭转试验方法》。

（2）本章括号内的符号（如：σ_s、σ_b、δ、φ 等）引自 GB/T228-1987 标准；

（3）又如：τ_s、τ_b 引自 GB/T10128－1988 标准

便于与理论教学统一，见附录Ⅲ。

第3章 材料力学选做实验

3.1 低碳钢切变模量 G 的测定

1. 实验目的

1）测定低碳钢材料的切变模量（剪切弹性模量）G，并验证胡克定律。

2）学习镜式转角仪的原理及使用方法。

2. 主要设备及材料

1）扭转实验装置与镜式转角仪。

2）百分表。

3）游标卡尺。

3. 实验原理及装置

圆轴扭转时，最大剪应力不超过材料的比例极限时，则扭矩 T 与扭转角 φ 存在线性关系，

即

$$\varphi = \frac{TL_0}{GI_p} \tag{3.1}$$

式中：$I_p = \frac{\pi}{32}d^4$ 为圆截面的极惯性矩；d 为试样直径；φ 为距离为 L_0 的两截面之间的相对扭转角；T 为扭矩；G 为低碳钢剪切弹性模量。

由式（3.1）可知，若材料符合胡克定律（T-φ 图），在比例极限以内成线性关系。当试样受到一定的扭矩增量 ΔT 后，在标距 L_0 内可测得相应的扭转角增量 $\Delta \varphi$，于是由式（3.1）可求得

$$G = \frac{\Delta T L_0}{\Delta \varphi I_p} \tag{3.2}$$

实验按照等间隔分级加扭矩 ΔT 的方法进行，即可由上式求得 G。

图 3-1 所示为扭转实验装置与镜式转角仪，镜式转角仪工作原理等详细说明参见 2.2 扭转实验。

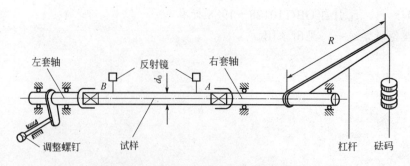

图 3-1　扭转实验装置与镜式转角仪

每次加载时，由百分表读出的是 $\Delta\delta$，而 $\Delta T = \Delta PL$，且

$$\Delta\varphi = \frac{\Delta\delta}{R} \tag{3.3}$$

将式（3.3）代入式（3.2）得

$$G = \frac{32LL_0R\Delta P}{\pi d^4\Delta\delta} \tag{3.4}$$

4．实验方法及操作步骤

1）把转角仪夹具套在试样标距为 L_0 的 A、B 两截面处，并拧紧固定螺钉（实验前已安装、调试好）。

2）将安装好转角仪的试棒一端安装在固定支座上，另一端安装在可转动支座上。安装好加荷臂及百分表（实验前已安装、调试好）。

3）测量试样直径、标距 L_0、百分表触头到试样轴线的距离 R 以及力臂长度 L。

4）预算初载荷、终载荷大小，确定加载级数。

5）用手轻轻按砝码盘，检查转角仪及百分表是否工作正常。

6）用砝码逐级加载，并记录百分表读数。重复做 3 次，实验完后将砝码放回原处。

5．实验结果处理

1）确定力臂长度 L、测臂长度 R。

2）每加一级载荷读出百分表下降位移 $\Delta\delta$，共加 4～5 级。卸载后再重复前面操作，共做 3 次，按下式算出平均值，即

$$\Delta\delta_{平均} = \frac{\sum\Delta\delta_i}{n}, \quad \Delta\varphi = \frac{\Delta\delta_{平均}}{R} \tag{3.5}$$

$$G = \frac{\Delta TL_0}{\Delta\varphi I_p} = \frac{32LL_0R\Delta P}{\pi d^4\Delta\delta_{平均}} \tag{3.6}$$

再算出各级载荷下 G 的平均值，即为所测试样材料的剪切弹性模量 G。

3）列出读数记录表格。

6．注意事项

1）砝码要轻拿轻放，不能冲击加载，不要用手给砝码盘加压力。

2）不要拆卸或转动百分表。

3.2　材料的冲击实验

1．实验目的

1）了解冲击韧度的测定方法，观察冲击试样的破坏情况。

2）了解冲击试验机的构造、工作原理及操作使用方法。

2．主要设备及材料

1）冲击试验机。

2）游标卡尺。

3）冲击试样。

3. 实验原理及装置

材料的变形速度不同，其机械性质亦随之发生变化。故当材料受冲击载荷作用时所显示出的机械性质较之受静载作用时所显示出的机械性质有明显的差异。因此，静载实验的结果不足以反映材料抗动载的能力。冲击实验的目的在于测定材料抗冲击载荷的能力，即冲击韧度 α_k。

实验时，将被测材料制成标准冲击试样（梅氏冲击试样），如图 3-2 所示。将试样置于试验机支座上，使试样受冲击而折断。记录下折断试样所消耗的能量 U_k，再将 U_k 除以试样缺口处的横截面积 A，即为材料的冲击韧度。即

$$\alpha_k = \frac{U_k}{A}(\text{N} \cdot \text{m/cm}^2) \tag{3.7}$$

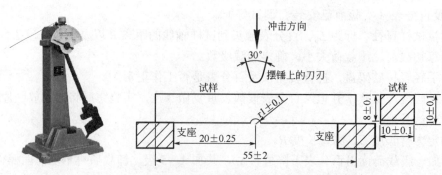

图 3-2　冲击试验机与梅氏冲击试样

在试样上作缺口，为的是使试样在该处折断。分析表明，缺口根部应力集中，材料处于三向拉应力状态，因而试样的破坏呈脆性断裂。

实验常用的冲击试验机为摆式冲击试验机如图 3-2 所示，其工作原理如图 3-3 所示。实验时，将试样置于支座（即试样座上），然后将摆锤扬起并约束在位置 B。此时，摆锤相对其自然位置（即试样位置）具有一定的位能。当松开约束时，假如试样座上无试样，则摆锤将自由通过试样座而达到位置 C（若不计摩擦等损耗，则位置 C 应与 B 在同一高度）。当支座上放有试样时，摆锤击断试样则要消耗能量。故击断试样后，摆锤只能达到位置 D 的高度。由于击断试样所消耗的功在数值上等于摆锤势能的减少，故有

$$U_k = mgl(\cos\beta - \cos\alpha)$$

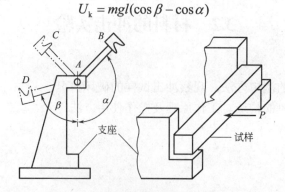

图 3-3　冲击试验机原理示意图

式中：m 为摆锤质量；g 为重力加速度；l 为摆杆长度；α 和 β 分别为试样被击断前后摆杆所扬起的角度。

在试验机的示值度盘上，有一可动指针，以指示摆锤击断试样后摆杆所扬起的角度 β。此刻度盘的刻度值通过换算标定，使指针示值直接代表击断试样所消耗的能量 U_k。

以上实验方法，叫做一次摆锤冲击法。

4. 实验方法及操作步骤

1）测量试样缺口处的横截面积 A（cm^2）。

2）不放试样，扬起摆锤进行一次空摆，以记录试验机因摩擦阻力等所消耗的能量 U_k'。

3）将试样安放在支座上（缺口对准摆锤刀口中心），扬起摆锤，并将指针调至初始位置（即最大刻度值上），松开约束进行冲击。试样被击断后，记录指针示值 U_k。

5. 实验结果处理

根据测试记录 U_k'、U_k、A，计算出冲击韧度 α_k：

$$\alpha_k = \frac{U_k - U_k'}{A}(\mathrm{N \cdot m/cm^2}) \qquad (3.8)$$

6. 注意事项

1）实验时，一定要先安放试样，后扬起摆锤。

2）摆锤扬起后，任何人不得进入摆锤打击半径范围内，否则将有生命危险。

3）试样击断，一定要待摆锤制动后，方可去拾起试样，以免回摆伤人。

3.3　金属疲劳演示实验

1. 实验目的

1）观察疲劳断口的特征。

2）了解疲劳曲线的测定方法及疲劳极限的确定方法。

3）了解纯弯曲旋转疲劳试验机的构造原理及使用方法。

2. 纯弯曲疲劳试验机简介

疲劳试验机是模拟实际工作情况为试样提供交变应力、给出稳定参数的实验设备。由于实际工作情况的多样性，疲劳试验机的类型亦具有多种。现仅就纯弯曲旋转疲劳试验机进行介绍，如图 3-4 所示。

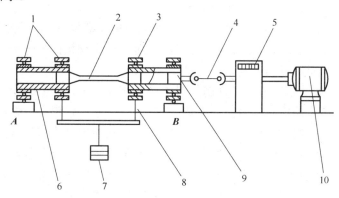

图 3-4　纯弯曲旋转疲劳试验机

试样 2 被紧紧地夹持在左、右套筒夹头 6、9 中，与套筒夹头成为整体。套筒夹头由轴承 1、3 支承在外壳中并可在外壳中自由旋转。两外壳的一端（外端）简支在机 A、B 上，使试样成为可旋转的简支梁，两外壳的另一端则通过传力架 8 加上载荷（砝码 7）。总载荷包括所加砝码以及传力架、套筒夹头、外壳等的标定折合重量。a 为传力架拉杆至支承间的距离。当电动机 10 通过计数器 5、联轴节 4 带动试样旋转时，每转一周，试样表面各点的最大弯曲正应力就正、负交变一次，从而使试样承受对称循环交变应力的作用。应力循环次数由计数器记录，当试样断裂后，即自动停机。

3. 疲劳试样

疲劳试样的尺寸、加工质量及表面粗糙度都极为敏感地影响测试结果。为保证疲劳实验的结果具有"可比性"及"再现性"，除对试样尺寸要求标准化，加工处理要求规格化外，还对其表面要求沿纵向抛光。

疲劳试验机与纯弯曲旋转疲劳试样尺寸及加工要求如图 3-5 所示。试样工作段等直、等弯矩，故各截面上应力相等。而在 d 到 D 的过渡圆弧区，易受应力集中而断裂，故尤须注意其尺寸及加工要求。

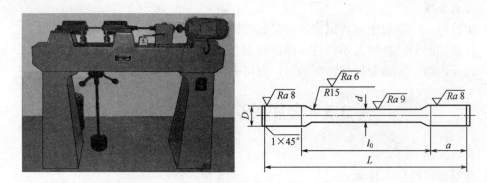

图 3-5 疲劳试验机与纯弯曲旋转疲劳试样尺寸及加工要求

4. 实验原理

材料在交变应力作用下所产生的破坏，称为疲劳破坏。疲劳破坏具有明显的基本特征：

1）要在一定大小的交变应力作用下，经一定次数的应力循环方能发生，且交变应力最大值比材料的静载强度极限 σ_b 低得多。

2）即使是塑性材料，疲劳断裂也是突然发生，事先无明显征兆。

3）疲劳断口可明显地分为两个部分：一部分是疲劳裂纹延展部分，即光滑区，它是由于应力交替变动，致使裂纹反复挤压摩擦而成为光滑表面或贝壳纹状；另一部分是残存截面的最后瞬间断裂而呈脆断粗粒状区。

使用纯弯曲旋转疲劳试验机对试样施加对称循环交变应力，实验研究表明：交变应力幅值 S_a 越大，试样破坏前经历的应力循环次数 N 越少；反之，S_a 越小，破坏前的循环次数 N 就越多。而当交变应力幅值减小到某一临界值时，材料就能承受无穷次应力循环而不会产生疲劳破坏。交变应力幅值的此临界值就叫做材料的**疲劳极限**（或持久极限）。对于一般钢材而言，当其在某一交变应力下循环次数 N 达到 10^7 次都还未发生破坏的话，则认为该材料在此交变应力作用下将不会产生疲劳破坏。故常将 10^7 称为"不循环基数"。而不循环基数所

对应的最大应力 $S_{\max}$，叫做**疲劳极限**（亦叫条件疲劳极限）。对称循环的疲劳极限以 σ_{-1} 表示。用以表达交变应力 S（幅值）与循环次数 N（寿命）之间关系的曲线，叫做**疲劳曲线**（$S\text{-}N$ 曲线），如图 3-6 所示。

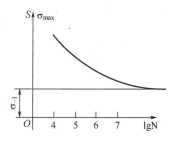

图 3-6　疲劳曲线（$S\text{-}N$ 曲线）

5. 实验方法及步骤

在疲劳实验中，测定 $S\text{-}N$ 曲线最简单的方法是"常规实验"。完成一次常规实验需要材料、尺寸及加工处理都相同的试样 8～10 根。按下述方法步骤进行实验：

（1）静力拉伸实验

取一根试样在万能材料试验机或拉力试验机上做静力拉伸实验，以测定其静载强度极限 σ_{b}，作为拟订加载方案的依据，同时检验该材料是否符合静载强度要求。

（2）拟订各根试样的加载方案

装夹在试验机上的试样，在总载荷 P 的作用下，其最大弯曲应力

$$\sigma_{\max} = \frac{M}{W}$$

式中：$M = \dfrac{P}{2}a$；$W = \dfrac{\pi d^3}{32}$；a 为传力架拉杆至支座的距离；d 为试样的直径。

故作用于试样上的交变应力最大幅值

$$S_{\max} = \sigma_{\max} = \frac{16Pa}{\pi d^3} \tag{3.9}$$

当试样最大弯曲应力达到强度极限 σ_{b} 时，则其强度极限载荷

$$P_{\mathrm{b}} = \frac{\pi d^3}{16a}\sigma_{\mathrm{b}} \tag{3.10}$$

实验时，一般取第一根试样的应力幅值 $S_1 = 0.6\sigma_{\mathrm{b}}$，相应的载荷值 $P_1 = 0.6P_{\mathrm{b}}$。其余各根试样的载荷，则按顺序依次逐渐减小。开始两相邻载荷的差值可大一些，阻碍着各根试样载荷逐次降低，相邻载荷的差值亦越来越小。通常将施加于试样上的载荷 P 与强度极限载荷 P_{b} 之比值称为加载系数 K。

$$K = P / P_{\mathrm{b}} \tag{3.11}$$

一般取：$K_1 \approx 0.6$，$K_2 \approx 0.48$，$K_3 \approx 0.4$，$K_4 \approx 0.34$，$K_5 \approx 0.29$，$K_6 \approx 0.26$，$K_7 \approx 0.24$，$K_8 \approx 0.25$。

这样，便可根据所取 K 值，按式（3.10）、式（3.11）拟订各试样的加载方案：

$$P_1 = K_1 P_b = K \cdot \frac{\pi d_1^3}{16a} \cdot \sigma_b$$

$$P_2 = K_2 P_b = K_2 \cdot \frac{\pi d_2^3}{16a} \cdot \sigma_b$$

$$P_3 = K_3 P_b = K_3 \cdot \frac{\pi d_3^3}{16a} \cdot \sigma_b$$

（3）进行实验

实验前，应对各根试样进行编号记录。逐根进行实验时，应记录相应的加载系数 K、载荷 P，及计数器的初读数 N_0。试样断裂（或循环次数 $N>10^7$ 尚未断裂而停机）后，则应记录计数器末读数 N_M 以及断口部位及异常现象等。并计算出试样的循环次数 $N = N_M - N_0$。

实验由第一号试样开始，依次逐根进行。若被测试样的循环次数 $N<10^7$ 而断裂，则仍按上述加载方案顺次继续进行实验，当被测试样的循环次数 $N>10^7$ 而未断裂时，则称为"越出"（图 3-7）。

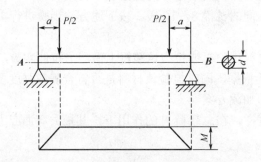

图 3-7　疲劳极限载荷的确定

疲劳极限的确定按下述方法进行，例如：第六号试样在 P_6（$=0.026\,P_b$）作用下，循环次数 $N<10^7$ 而断裂，而第 7 号试样在 P_7（$=0.24\,P_b$）作用下，经 10^7 次循环而越出。此时，若 $P_6 - P_7 < P_7 \times 5\%$，则疲劳极限载荷 $P_{-1} = (P_6 + P_7)/2$，疲劳极限 $\sigma_{-1} = 16aP_{-1}/(\pi d^3)$；若 $P_6 - P_7 > P_7 \times 5\%$，则还需取第 8 号试样进行实验，但施加于第 8 号试样的载荷应改取为 $P_8 = (P_6 + P_7)/2$。第 8 号试样的实验结果，可能出现下述两种情况：

1）第 8 号试样在 P_8 作用下，经 10^7 次循环而越出，且 $P_6 - P_8 < P_8 \times 5\%$，则疲劳极限载荷 $P_{-1} = (P_6 + P_8)/2$，疲劳极限 $\sigma_{-1} = 16aP_{-1}/(\pi d^3)$。

2）若第 8 号试样在 P_8 作用下，循环次数 $N_8 < 10^7$ 而断裂，且 $P_8 - P_7 < P_7 \times 5\%$，则疲劳极限载荷 $P_{-1} = (P_7 + P_8)/2$，疲劳极限 $\sigma_{-1} = 16aP_{-1}/(\pi d^3)$。

6. 实验结果处理

根据各根试样的载荷值 P_i，按式（3.9）分别算出其交变应力最大幅值 S_i。以交变应力幅值 S 为纵坐标，循环次数 N 为横坐标，根据各根试样所测得的对应数据（S, N），在坐标平面内描点（包括疲劳极限），并用曲线或直线拟合，即得 *S-N* 曲线（图 3-6）。

7. 注意事项

开动试验机使试样旋转后，再迅速而无冲击地加上载荷；一旦加上载荷，即应记录计数器的初读数 N_0。

3.4　光弹性观察实验

1．实验目的

1）了解透射式光弹仪各部分的名称和作用，初步掌握光弹性仪的使用方法。

2）观察光弹性模型受力后在偏振光场中的光学效应。

2．主要设备及材料

1）光弹仪 1 台。

2）光弹性模型（圆盘、圆环、偏心拉伸试样、弯曲梁等）。

3．实验原理及装置

透射式光弹仪，一般由光源、一对偏振片、一对四分之一波片、透镜和屏幕等组成。靠近光源的偏振片称做起偏镜，它将来自光源的自然光变为偏振光；靠近起偏镜的第一个四分之一波片，将来自起偏镜的平面偏振光变成圆偏振光，模型后面的第二个四分之一波片，其快轴和慢轴恰好与第一个四分之一波片的快轴和慢轴正交，使得来自受力模型后的圆偏振光还原为自起偏镜发出的平面偏振光。靠近观察屏幕的偏振片称作检偏镜（又称作分析镜），它将受力模型各方向上的光波合成到偏振方向，以便观察分析。

光学元件布置，可分成平面偏振光场和圆偏振光场两种，如图 3-8 和图 3-9 所示，图 3-10 是光弹仪外形图。

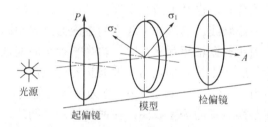

图 3-8　平面偏振光装置

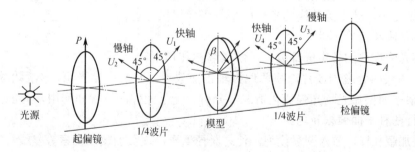

图 3-9　正交圆偏振光场布置简图

在平面偏振光场中，当检偏轴与起偏轴相互正交时，称为正交平面偏振光场，呈现暗场，光通过受力模型后，产生光程差 δ，此光程差与模型厚度 h 及主应力差 $(\sigma_1 - \sigma_2)$ 成正比，即

$$\delta = ch(\sigma_1 - \sigma_2) \tag{3.12}$$

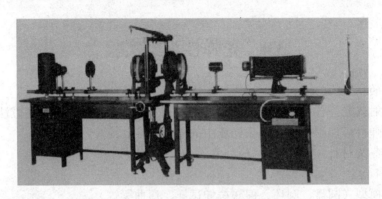

图 3-10　光弹仪

当光程差为光波波长 λ 的整数倍时，即 $\delta = n\lambda (n = 0,1,2,3,\cdots)$，产生消光干涉，呈现黑点，同时满足光程差为同一整数倍波长的诸点，形成黑线，称为等差线。

又因

$$ch(\sigma_1 - \sigma_2) = n\lambda$$

所以

$$(\sigma_1 - \sigma_2) = \frac{n}{\lambda} \cdot \frac{\lambda}{c} = \frac{nf}{h} \tag{3.13}$$

式中，$f = \lambda/c$ 称为材料条纹值，由此可知，等差线上各点的主应力差相同，对应于不同的 n 值则有 0 级、1 级、2 级……等差线。

当应力主轴与偏振轴重合时，也产生消光干涉，呈现黑点，模型上应力主轴与偏振轴重合的诸点，形成黑线，称为等倾线。等倾线上各点的主应力方向相同。

在平面偏振光场中，当两偏振轴相互平行时，称为平行平面偏振光场，呈现亮场。当平面偏振光通过受力模型后，所产生的光程差为光波波长的奇数倍时，产生消光干涉。呈现黑点，在亮场中所得等差线为 0.5 级、1.5 级、…… 称为半级等差线。

为了消除等倾线以便获得清晰的等差线图，在两偏振片之间加入一对四分之一波片，且两波片和快轴之间及慢轴之间相互正交。当检偏轴相互正交时，称为双正交圆偏振光场，呈现暗场。产生等差线的条件同正交平面偏振光场。当检偏轴与起偏轴平行时，获得亮场，称为平行圆偏振光场，产生等差线的条件同平行平面偏振光场。

4. 实验方法及操作步骤

1）观察光弹性仪的各组成部分，了解其名称和作用。

2）取下两块四分之一波片，将两偏振轴正交放置，开启白光光源，然后单独旋转检偏镜，反复观察平面偏振光场光强变化情况，分析各光学元件的位置和作用，并能正确地调整出正交和平行两种平面偏振光场。

3）调整加载杠杆，放入圆盘模型，使之对径受压，逐级加载，观察等差线与等倾线的形成，同步旋转两偏振轴，观察等倾线的变化及特点。

4）在正交平面偏振光场中，加入两块四分之一波片，先将一块四分之一波片放入并转动，使之成为暗场，然后转 45°，再将另一块四分之一波片放入并转动，使之再成暗场，即得双正交圆偏振光场。在白光光源下，观察等差线条纹图，逐线加载，观察等差线的变化。再单独旋转检偏镜 90°，形成平行圆偏振光场，观察等差线的变化情况。

5）熄灭白光，开启单色光源，观察等差线图。试比较两种光源下，模型中等差线的区别和特点。

6）换上其他模型，重复步骤 3）～步骤 5）。

7）关闭光源，去掉载荷，取下模型。

5. 几种模型条纹值的测定

光弹性材料条纹值 $f=\lambda/c$，只与材料的光学常数 c 和光波波长 λ 有关，而与模型的形状、尺寸及受力方式无关。因此，f 可以通过应力有理论解的模型相同的材料取出的标准试样标定出来。

标定时，采用与模型实验相同的光源，在某一确定的外载荷下，测出标准试样已知应力点的条纹级数 n，利用理论公式算出相应的主应力 $(\sigma_1-\sigma_2)$，并由下式计算出条纹值，即

$$f=(\sigma_1-\sigma_2)h/n \tag{3.14}$$

（1）径向受压圆盘测定 f

试样几何尺寸如图 3-11 所示。由弹性力学知，圆盘中心处的应力为

$$\sigma_1=\frac{2P}{\pi Dh}, \quad \sigma_2=\frac{6P}{\pi Dh} \tag{3.15}$$

$$(\sigma_1-\sigma_2)=\frac{8P}{\pi Dh}$$

（2）偏心拉伸实验测定 f

试样几何尺寸如图 3-12 所示。距试样中心为 x 处的应力为

$$\sigma=\left(1\pm\frac{12ex}{b^2}\right)\frac{P}{bh}, \quad \sigma_{\text{拉}}=\left(1\pm\frac{12ex}{b^2}\right)\frac{P}{bh} \tag{3.16}$$

从光弹性实验所得等差线，如图 3-13 所示。当受拉边缘的条纹级数为 n_+ 时，则有

$$f_+=\left(1+\frac{6e}{b}\right)\frac{P}{bn_+} \tag{3.17}$$

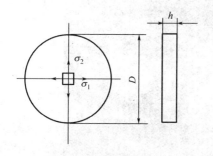

图 3-11　圆盘几何尺寸

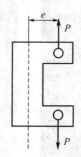

图 3-12　偏心拉伸

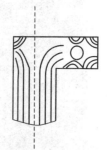

图 3-13　偏心拉伸等差线

6. 实验步骤

1）调整光弹仪光学元件，使其形成双正交圆偏振光场。

2）调整加载架，安装拉伸试样。

3）用白光光源，绘制等差线。

4）用仪器元件进行补偿，确定边缘处的分数条纹级数。

5）用钉压法，决定边缘上应力的符号。

6）用圆盘试样，重复步骤2）～步骤3），测出圆盘中心的条纹级数。

3.5 基于"互动式普及型材料力学创新实验平台"的创新实验（简介）

目前，工科高校开展的材料力学设计型、创新型实验中真正能反映材料力学基本面的创新型实验项目还很少，参与的学生也很少，这与各校较高的投入之间产生了较大的落差。因此，提高设计型、创新型实验的受益面、普及率已成为基础力学教学工作者共同面临的一项重要课题；现有的加载装置都是将单一集中载荷 P 直接作用于试样上的加载方式，不能实现各种复杂的实验工况，这与材料力学、结构分析理论课中学生所接触的多样的载荷工况（集中载荷、分布载荷、集中力偶载荷）之间形成较大的落差，不利于拉近实验与理论之间的距离，不利于激发学生主动参与设计、创新实验的热情，不利于工科高校创新实验的普及化。

工科高校中的材料力学实验和结构实验中的各类实验，都要配置相关的加载装置以实现相应工况，方能展开相关实验，比如材料力学实验中的纯弯曲实验、弯扭实验、偏心拉压实验等，就要配置相应的加载装置，但因其载荷方式、约束方式、截面形状等过于单一，与材料力学理论课中学生所接触到的形式多样的各种载荷、约束、截面形状的相关内容形成较大的落差，使教师和学生误以为材料力学实验只能实现材料力学理论课中的极少部分且最简单的情形，造成师生都对此缺乏兴趣、不予以重视的后果。

互动式普及型材料力学创新实验平台（图3-14）是由西华大学力学实验中心自主研发的实验设备，已获一项国家专利授权。"互动式普及型材料力学创新实验平台"的功能简介见4.7节。

图3-14 互动式普及型材料力学创新实验平台整机

利用该平台可解决现有传统材料力学非破坏性电测实验中单一集中载荷 P 直接作用于试样上的加载方式、约束方式、截面形状及材料过于单一的问题。

该平台要求学生自主设计创新实验项目，自己动手操作电测实验的各类设备。该平台功能全面，操作简单，可完成材料力学理论教材和作业中所涉及的大部分情形（形式多样的载荷方式、约束方式、截面形状及材料种类）的实验重现；这使得学生在材料力学理论的学习过程中，可随时把自己感兴趣的题目或思考的问题拿到实验室去重现、验证、设计、深入研究，进入"边学习、边实践、边研究"的良性循环的新模式。从而打破了传统规定动作式的实验模式，激发了学生自主设计、主动参与创新实验的热情，增强了学生的创新精神和创新能力；拉近理论与实验之间的距离的同时，促进了材料力学理论与实验二者间的融合与统一；因此，在国内外工科高校的力学创新实验教学中有很大的推广空间和实用价值。

该创新平台便于实现创新实验的分层次教学，适合于材料力学教学大纲之内的创新实验，可以拓展传统材料力学实验范围，以满足不同层次的学生参与创新实验的需求。可打破目前众多高校中只是少数学生才涉及创新实验的现状，使力学创新实验在工科高校尽可能地普及化，尤其在低年级的普及更有重大意义。这是培养、教育学生创新思维、创新意识的最好时机，只有具备良好的创新思维、创新意识的学生在高年级以及今后的工作中才会显现出色的创新精神和创新能力。

1. 创新实验项目的学生自主选取与指导

该创新实验平台能开设出以下的系列创新实验项目：涉及不同材料、不同约束、不同载荷、不同载荷方向、不同载荷组合条件下的静定、超静定、静载荷与动载荷的验证设计创新实验，包括对叠加法、能量法的验证、设计与创新实验。

1）不同材料：包括钢材、铝材、木材等。

2）不同截面形状：包括实心与空心圆、矩形、T 型、工字型、槽型等。

3）不同约束：包括固定端、铰链支座、活动支座等。

4）不同载荷：包括集中力、集中力偶、各种分布载荷等。

5）不同载荷方向：包括水平、铅垂、任意方向等。

6）不同载荷组合：包括集中力、集中力偶、各种分布载荷的同时加载等。

总之，可以实现不同梁体（静定、超静定悬臂梁、简支梁、外伸梁等）的静力、内力、应力、应变、变形（挠度与转角）的测量与分析计算，以及静载荷与动载荷的验证、对比、设计、创新等实验；也包括对能量法、叠加法等方法的验证实验。

因此，该创新平台基于上述各种因素的不同组合情况（工况），其对应的实验项目数目是无上限的。常见且较易实现的组合实验工况也很多。

例如：

"简支静定工字钢梁在均布载荷作用下的内力、应力、应变等的测试分析"；

"简支静定工字钢梁在力偶作用下的内力、应力、应变、变形等的测试分析"；

"简支静定工字钢梁在三角形分布载荷作用下的内力、应力、应变、变形等的测试分析"；

"简支静定工字钢梁在不同方向集中力作用下的内力、应力、应变、变形等的测试分析"；

……

　　"空心圆轴的纯弯、纯扭与弯扭组合对比实验";

　　"多方式测定材料弹性模量 E、泊松比 μ 的对比实验";

　　"不同方向载荷作用下梁的斜弯曲实验";

　　"槽型钢梁的弯曲中心测定实验";

　　"立柱的压缩实验及截面核心的测定";

　　"各类梁的挠度、转角测定实验";

　　"均布载荷与集中载荷作用的对比实验";

　　"横力弯曲与纯弯曲的对比实验";

　　"不规则构件不同载荷下的创新实验";

　　"不同截面的等强度梁的弯曲实验";

　　"系列压杆的稳定性实验"

　　"组合桁架结构实验";

　　……

　　由此可见，该创新平台可开设的实验是难以一一列举的，只要是学生发挥自己的想象力想到的，且符合实验条件的情况，都能在实验室再现。在课堂或课后由学生自己提出，在课外学生自主设计，到实验室学生自己动手，并完成自己特色的实验报告，而指导教师只是在各关键节点处予以指导把关，这才是学生的设计型实验、创新型实验应当提倡的。

　　2. 创新实验报告格式及要求

　　创新实验报告没有严格统一的格式要求，要求学生全部手写手绘完成。

　　建议创新实验报告体现以下几点：创新实验项目名称要准确；创新实验目的要明确；实验仪器设备及性能参数要明了；理论分析要详细；实验方案(布片位置与组桥方式)要精细；实验数据整理与分析/误差分析要有实据；创新实验要有结论；对创新实验开展要有建议；对创新实验平台的改进要有建议；参与创新实验得有体会；要有引用的参考文献等。

第4章 主要实验设备及仪器介绍

4.1 微机控制电子万能试验机

材料力学实验中，最常用的加载设备是万能材料试验机，它可以做拉伸、压缩、剪切、弯曲等实验。万能材料试验机的种类很多，以下就 WDW3100 型微机控制电子万能试验机为例介绍其构造、工作原理及操作使用方法。

4.1.1 结构概述

WDW3100 型微机控制电子万能试验机主要由上横梁、移动横梁、台面及光杠组成框架式结构，滚珠丝杠固定在台面和上横梁之间。两滚珠丝杠的螺母及两光杠的导套固定在移动横梁上。WDW3100 型微机控制电子万能试验机整机图如图 4-1 所示。

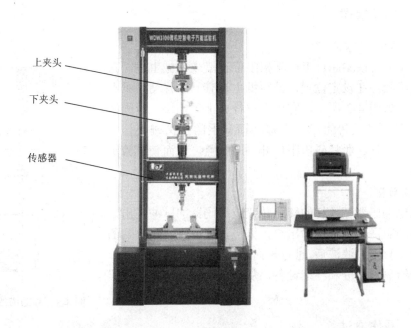

图 4-1　WDW3100 型微机控制电子万能试验机整机图

4.1.2 工作原理

电动机通过三级同步带轮减速以后带动丝杠旋转，从而推动移动横梁在选定的速度下作直线运动以实现各种功能。主机结构如图 4-2 所示。

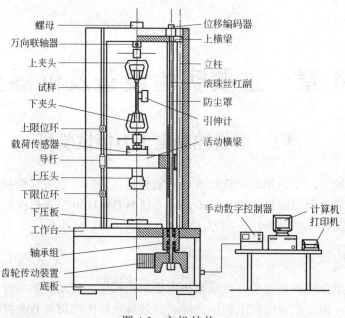

图 4-2　主机结构

左侧标注（从上到下）：螺母、万向联轴器、上夹头、试样、下夹头、上限位环、载荷传感器、导杆、上压头、下限位环、下压板、工作台、轴承组、齿轮传动装置、底板

右侧标注（从上到下）：位移编码器、上横梁、立柱、滚珠丝杠副、防尘罩、引伸计、活动横梁、手动数字控制器、计算机打印机

4.1.3　移动横梁

1. 限位保护

为了防止移动横梁超过上、下极限位置造成机械事故，并且使移动横梁能停在设定位置，试验机上设有一个移动横梁限位保护机构，如图 4-3 所示。它由限位杆、上下挡块、紧固螺钉、拨叉、限位开关等组成。当移动横梁上的拨叉碰到挡块时，便通过限位杆、触片碰压限位开关的触点，从而使试验机停车。

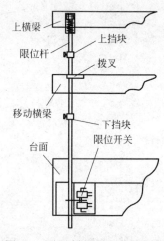

图 4-3　移动横梁限位保护机构

标注：上横梁、限位杆、拨叉、移动横梁、台面、上挡块、下挡块、限位开关

2. 位移测量

通过光电编码器把丝杠的转角转变成编码器的脉冲输出，编码器输出的脉冲经整形后输出给计算机，计算机将接收到的脉冲信号再次整形、滤波后，进行辨向识别、判断、计算处理，并将结果送给显示部分和终端设备，从而精确测量出移动横梁的位移。

4.1.4　操作方法

WDW3100 型微机控制电子万能试验机既可通过液晶操作面板进行操作，还可通过计算机控制部分，即实验软件来进行操作。具体操作方法在下面的实验软件操作中详细介绍。

1. 开机步骤

第一步：连接电缆线；　　　　　第四步：打开计算机显示器；

第二步：打开空气开关；　　　　第五步：打开计算机主机开关；

第三步：打开钥匙开关；　　　　第六步：运行实验程序。

2．实验软件操作方法

实验软件操作流程图：

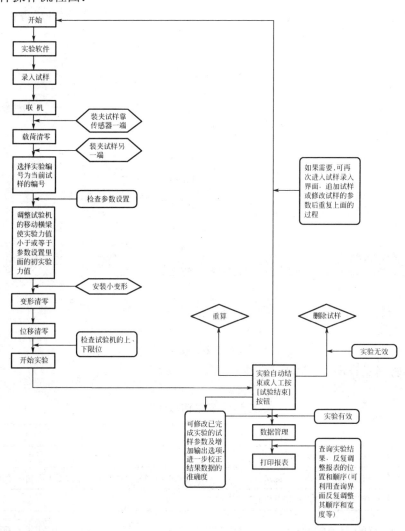

（1）实验软件主界面

运行实验软件，进入实验软件主界面（图 4-4）。

图 4-4　实验软件主界面

实验软件基本操作步骤：试样录入→参数设置→联机→开始实验→实验结束。

（2）试样录入

录入部分是实验开始前的准备工作，应准确填写实验信息，以便日后查询。单击[试样录入]按钮，弹出图 4-5 所示的对话框。

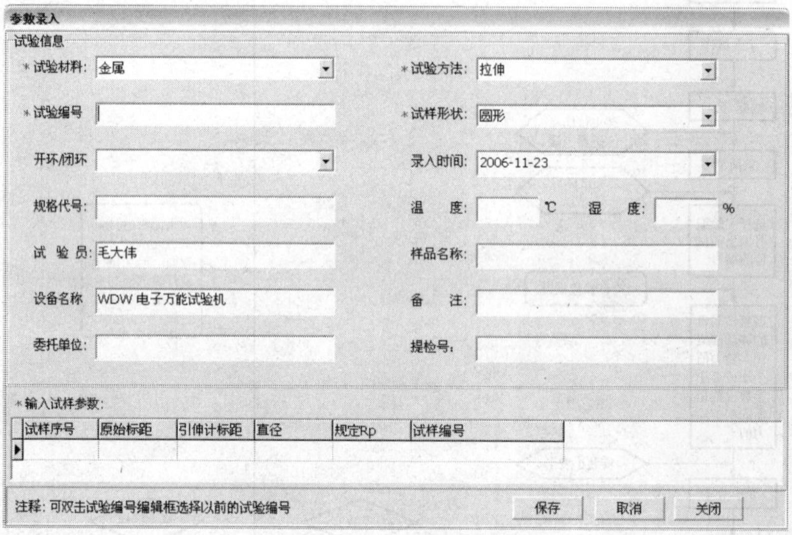

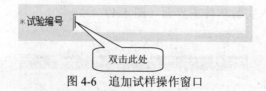

图 4-5　试样录入对话框

注：带*号的五项必须录入或选择。

（3）实验信息查询（表 4-1）

表 4-1　实验信息查询

实验材料	选择与实际材料相对应的选项
实验方法	选择要使用的实验方法
实验编号	一组试样的实验编号不能重复使用。一次可录入多组编号，每组试样个数不受限制
实样形状	选择与实际试样形状相对应的选项

如果要向已有的实验编号内追加试样，可双击实验编号编辑框，如图 4-6 所示。

图 4-6　追加试样操作窗口

如图 4-7 所示，在弹出的查询窗口中，有两种查询方法。

1）按时间段查询。选择实验的时间范围。默认时间段为前一个月至今。单击[查询]按钮，便列出设定时间段内的所有实验记录。

2）按实验信息查询。选择要查询的实验信息，在右侧的编辑栏中准确输入限制条件，单击[查询]按钮，便列出所有满足限制条件的实验记录。

用鼠标左键单击所选记录，按[确认]键；或者用鼠标左键双击所选记录，弹出图 4-8 所示提示信息。

图 4-7　弹出查询窗体

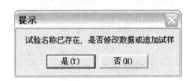

图 4-8　提示信息

单击[是(Y)]按钮，返回录入界面，进入追加状态；单击[否(N)]按钮，放弃查询。

（4）输入试样参数

如图 4-9 所示，单击输入试样参数区域，试样序号不需录入，直接在下一栏输入，无尺寸用 0 代替。按[回车]键确认，试样序号自动生成。在最后一栏按[回车]键或向下键[↓]增加一条新的试样信息。单击[保存]按钮，完成试样录入工作。

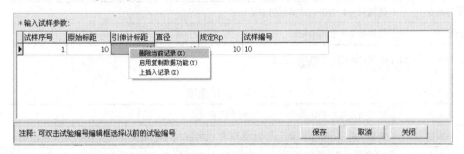

图 4-9　输入试样参数

在输入试样参数部分内，单击鼠标右键，启用相应的功能模块。删除当前记录\删除当前光标所在行\启用数据复制功能。

按向下键[↓]，生成新的与最近一次被选记录相同的记录。

上插入记录\在选中试样前插入一条与当前试样信息相同的记录。

单击[保存]按钮，保存录入信息；单击[取消]按钮，放弃当前录入信息；单击[关闭]按钮，返回实验界面。

【注】此处只对未做过实验的试样信息作修改，如果修改已完成实验的试样信息，应在数据管理界面调用相应的模块。

（5）参数设置

在实验主界面，单击[**参数设置**]按钮，弹出参数设置对话框，如图 4-10 所示。

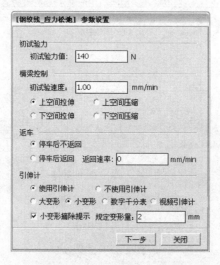

图 4-10　参数设置对话框

1）设置初实验力。实验开始后，实际拉伸力值超过此力值，软件系统开始记录接收到的数据，并且绘制实验曲线。一般将初实验力值设置为传感器额定值的 4‰。

例如：传感器的标称值为 100000 N，则开始采样点可设为 100000 N×4/1000 = 400 N。

2）横梁控制。包括初实验速度和实验空间，其含义见表 4-2。

表 4-2　横梁选项

初实验速度	达到初实验力值前，横梁的移动速率
实验空间	选择要使用的实验空间

3）返车。包括两个选项，见表 4-3。

表 4-3　返车选项

停车不返回	实验结束后，移动横梁不返回到初始位置
停车后返回	实验结束后，移动横梁返回到初始位置，并且指定返回速度

注：1. 只有在对试验机非常熟悉并且实验材料为软性材料时才可用停车后返回，否则容易出现危险。**建议**使用停车后不返回。

2. 实验结束后实验主界面上的"**实验返回**"为可用状态。拆除试样后单击此按钮，可以使横梁返回至实验开始的位置。

4）引伸计。包括两个选项，含义见表 4-4。

表 4-4　引伸计选项

使用引伸计	实际做实验时使用引伸计，请选择此项，并且指定引伸计的类型
不使用引伸计	实际做实验时不使用引伸计，请勿选择

引伸计变形量达到规定变形量时，移动横梁停止，此时摘除引伸计，继续实验。

摘除小变形时要保证实验界面上的变形接位移为按下状态。否则试验机还会采集小变形的变形值，使计算结果有误。

一般金属材料使用小变形；一般非金属材料使用大变形。数字千分表一般使用在测量抗弯挠度上。

单击[下一步]按钮，进入下一参数设置界面，如图 4-11 所示。

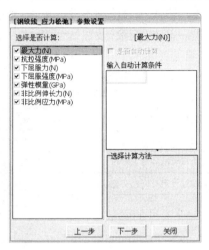

图 4-11　参数设置

5）选择是否计算。在参数前勾选，表示计算，否则不计算该参数。

选择要计算的结果，右边对应要计算结果的计算条件。实验正常结束后，程序将自动按照这些条件进行结果运算，否则将弹出输入计算条件的对话框。

选择计算方法，实验正常结束后，程序将按照此步所选方法进行运算。

【注】右面仅仅是对应于左面所选的一个结果的相关条件，为预防出错，最好将每个结果都看一遍。

·6）加载方式。如图 4-12 所示，可在对话框中选择加载方式，以及增加实验力的过程中，控制方式、控制速度、加载结束的条件。

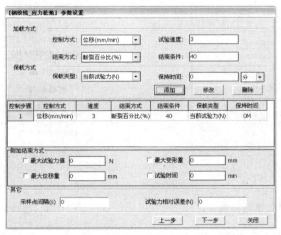

图 4-12　加载参数设置

例如：以位移为 3 mm/min 的速度加载，到断裂百分比达到最大力的 40% 结束（图 4-12）。

7）保持方式。保持加载结束状态一段时间。

例如：上例中，保持断裂比 40% 的状态 0 秒。

断裂百分比越小，则至实验完成所走过的行程越长，如果设置为 0，则可能永远不能自动完成实验，除非手工结束实验。

添加：确认加载及保持方式准确，单击[添加]按钮保存；

修改：选中已存的控制方式，输入新的控制条件，单击[**修改**]按钮。

删除：选中已存的控制方式，单击[**删除**]按钮。

8）附加结束方式。包括选项见表 4-5。

表 4-5 附加结束选项

最大实验力值	一般设置为传感器的最大载荷值。实验过程中，如果实验力大于此值，实验结束
最大变形量	一般设置为引伸计的最大变形量。实验过程中，如果变形大于此值，实验自动结束
最大位移量	一般设置为试验机的最大行程。实验过程中，如果位移大于此值，实验自动结束
实验时间	实验时间超过设定时间，实验结束。

所有的默认值为最近一次所设置过的参数。注意不同材料及实验方法有不同的默认值，它们之间互不干涉。

附加结束方式一般情况下不需设置。如必须设置，请确认设置的结束条件不影响正常实验。例如：实验不用引伸计，则"最大变形量"可不用设置，这样可避免由引伸计产生的错误信号影响实验的正常进行。

如图 4-13 所示，选择与实际使用的传感器相同的额定值。如果选择框内没有所使用的传感器，则先到设置传感器模块中将所要使用的传感器加入，再返回来进行该项的设置。

图 4-14 中，坐标增量即坐标轴上每个小格子的相对长度。改变坐标增量可改变相应坐标轴的显示效果，值越小则格子越密。

图 4-13 选择传感器参数

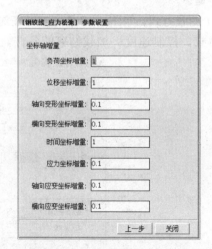

图 4-14 选择坐标轴增量参数

参数设置完，单击[**下一步**]按钮，进入下一界面，同时上一页参数自动保存，最后单击

[**关闭**]按钮。

重新再进入参数设置界面时，如果本次实验材料和实验方法与上一次的相同，则参数与上一次设置一致。

退出参数设置界面后再次进入实验界面。

（6）联机

参数设置设置完毕，回到实验界面，单击[**联机**]按钮。

联机后，实验界面各通道数据实时显示。

若各通道数据没有变化，说明试验机与计算机没有正常通信，处理方法如下：

1）查看串口选择是否正确。步骤是：操作设置→串口设置→选择串口。

一般情况下，计算机主机靠上的为串口 1，靠下的为串口 2。

2）单击[**脱机**]按钮，试验机液晶屏有变化，等液晶屏进入正常状态，再次单击[**联机**]按钮；如果仍未联机，再次重复上述步骤。或者同时将试验机关闭后重启。

（7）开始实验

1）选择编号。在图 4-15 所示下拉列表中，选择实验编号。选择曲线，如图 4-16 所示。

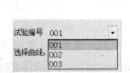

图 4-15　选择实验编号　　　　　　　　图 4-16　选择曲线

2）查看信息。选择信息窗口，查看信息是否正确，如图 4-17 所示。

3）清零。首先夹持试样靠近传感器一端，然后将"实验力"清零，如图 4-18 所示。再夹持试样另一端，不需要清零。

图 4-17　查看信息

如果试样夹持完靠近传感器一端没清零，也可以在试样两端均夹持完后再清零，但一定在清零后稍等片刻，再执行其他步骤。

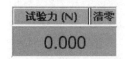　　　

图 4-18　"实验力"清零　　图 4-19　轴向变形清零　　图 4-20　位移清零　　图 4-21　横向变形清零

在实验开始前将**变形**和**位移**清零。如果实验中轴向变形与横向变形同时使用，同时要将**横向变形**清零，如图 4-19～图 4-21 所示。

4）开始实验。单击[**实验开始**]按钮，开始实验。

在实验开始同时，时间从 0 秒开始计算；实验结束后，记录下整个实验所用时间。

【**注**】实验过程中可以执行以下操作：

改变横梁速度：

开环实验时，如图 4-22 所示，在横梁速度编辑框内输入速度值，按[确定]按钮，移动横梁以当前速度运行；闭环实验时，改变横梁速度无效。

实验结束后，在此处改变横梁速度无效，并且不会影响实验结果。

选择曲线：

图 4-22　改变横梁速度

可在实验过程中动态地选择曲线。对于含有应力或者应变的曲线，必须输入相关的试样尺寸后才能有曲线显示，如直径、宽度、厚度等。

结束实验：

在实验过程中想要手动结束实验，并且计算结果，请按[实验结束]按钮，如果按[停车]按钮，则不出实验结果，此试样下次还可再用。

跟踪采样点：

选择"操作设置"菜单中的"跟踪采样点"，则鼠标移动位置被锁定到曲线的实际采样点上。即此时鼠标所指示的 x,y 值实际上是采样点的真实数据。

【注】实验过程中<u>不可以</u>执行以下操作：

在实验过程中最好不要用微机做其他的工作，否则容易产生错误甚至出现死机现象。

（8）实验结束

如果认为本次是无效的实验，则可以单击[实验无效]按钮，将此试样从此实验组当中清除掉即可。如果要删除的不是当前试样，而是本组当中已完成实验的其他试样，则可以在显示结果栏中双击要删除掉的记录，使之成为当前记录，再单击[实验无效]按钮将此试样从此实验组中删掉。实验界面的最左边显示了当前试样的序号，请注意看清此序号，以免删错！

1）重算功能。单击[重算选项]按钮，选择重新计算项，并且要重新给定计算条件，如图 4-23 所示。单击[计算]按钮，查看计算结果。

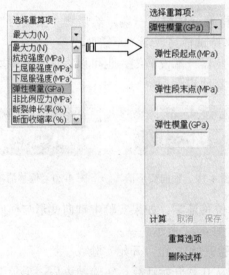

图 4-23　重新计算

单击[保存]按钮，计算结果保存到数据库中。但[保存]后以前的数据被覆盖，并且**无法恢复**。

单击[**取消**]按钮，重新计算的结果无效。

单击[**实验返回**]按钮，横梁返回到实验开始前位移清零的位置。

【**注**】为预防发生意外，此时操作者最好不要离开试验机！

2）数据管理。单击[**数据管理**]按钮，进入数据管理界面，如图4-24所示。

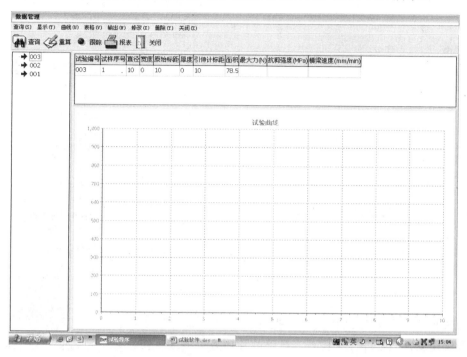

图 4-24　数据管理界面

在此界面中可以进行**数据查询、分析、打印**等功能。

3）数据查询（图4-25）。

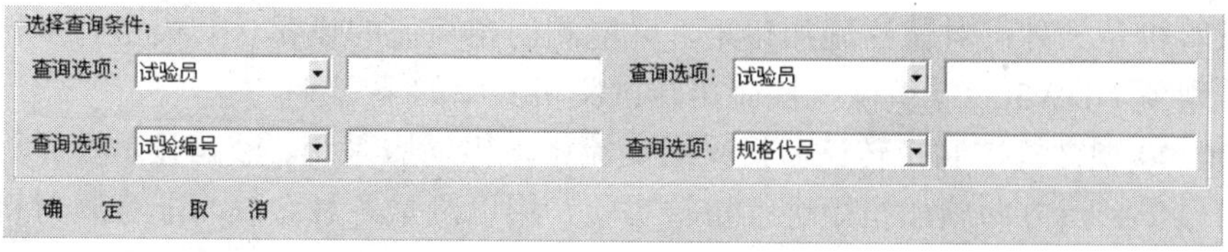

图 4-25　数据查询

4）重算功能。与前面重算功能一样，操作方法相同。

5）数据打印。如图4-26所示，**页面设置**的步骤如下：

调整各个页面的顺序，调节打印项目→页面边距→曲线设置。

调节纸张设置或方向后，如果不起作用，退出程序再重新进入该程序即可。

调节曲线设置时，各编辑框的值以像素为单位（单位很小），可以为负值。

选择显示单元项目（图4-27）：

☑表示已选中该项，并在实验报告中显示。

☐表示没选中该项，不在实验报告中显示。

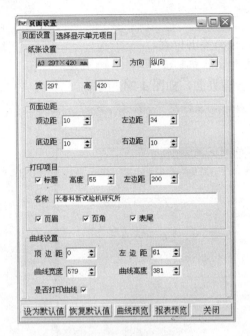

图 4-26 页面设置

图 4-27 选择显示单元项目

4.1.5 注意事项

实验过程中，如发现动作失灵、振动、发热、爬行、噪声、异味等**异常现象**，应立即停车检查，排除故障后方可继续工作。必要时按[紧急停车]按钮（图 4-28）。

图 4-28 "紧急停车"按钮

4.2 微机控制扭转试验机

扭转试验机是一种可对试样施加扭矩，并能测出扭矩值的设备。其类型有多种，构造亦各不相同。现就 NDW30500 型微机控制扭转试验机介绍如下。

NDW30500 型微机控制扭转试验机采用交流电动机伺服系统、液晶显示及计算机自动控制系统，可以正、反方向施加扭矩进行扭转实验，用以测量各种金属与非金属材料受扭转时的力学性能。

4.2.1 结构原理

试验机由加载机构、测力单元、显示器等组成。

加载机构：安装在导轨上的加载机构，由伺服电动机带动，通过减速器使夹头旋转，对试样施加扭矩。按显示器的相应标志按钮，可对试验机正、反加载和实现停车。试验机有较宽的调速范围，且为无级调速，而且在 0～360° 任意角度可调。

测力单元：通过夹头传来的扭矩经传感器的处理输出，可在液晶显示器和计算机上同步显示出来，用户根据满意程度有选择性地保存或打印。NDW30500 型微机控制扭转试验机主机结构如图 4-29 所示。

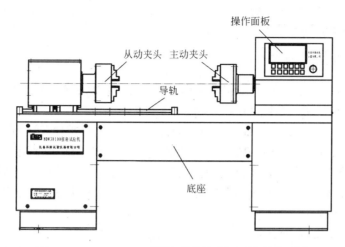

图 4-29　NDW30500 型微机控制扭转试验机主机结构

4.2.2　操作步骤

微机控制扭转试验机既可通过液晶操作面板进行操作，也可通过计算机控制部分，即实验软件进行操作。

1．开机步骤

第一步：连接电缆线；

第二步：打开主机开关；

第三步：打开计算机显示器；

第四步：打开计算机主机开关；

第五步：运行实验程序。

2．实验软件操作步骤

运行实验软件，进入实验主界面。

实验软件基本操作步骤：联机→试样录入→参数设置→开始实验→实验结束。

实验结束后，若需要打印实验曲线和实验数据，其步骤为：数据管理→报表→页面设置→报表预览→打印曲线和实验数据。

【注】更为详细的实验软件操作步骤可参阅 4.1 微机控制电子万能试验机的软件操作步骤。

4.3　动静态综合测试仪

DZY-B 动静态综合测试仪是和电子式动静态力学组合实验台配合使用的设备，共 12 路测量通道，包括载荷 1 路、位移 1 路和应变 10 路，是一台多通道测试系统。该系统具有的 10 路应变通道中，每路通道均可以连接为 1/4 桥、半桥和全桥，适用于各种桥路测试。通过系统软件软面板操作，各通道自动切换，桥路自动平衡。DZY-B 动静态综合测试仪设有扫描采样、定载荷采样两种采样方式，可实现实时数据、曲线显示，测试数据既可以显示为数据列表，也可以显示为图形。每个通道均可以实现动态测试，并且显示动态波形和数据。该测试仪还具有存储、打印等功能。此外，多台仪器可以连接到同一个局域网内部，主机可以对每台测量实验台进行网络监测。

4.3.1 硬件使用方法

1）图 4-30 所示为硬件上面板连接示意图，CH1～CH10 为应变测试通道，COM 为公共补偿端。桥路连接的方式可选择全桥、半桥、1/4 桥。

全桥方式：在接线排上 AB、BC、CD、DA 之间接测试应变片（B′ 和 D′ 悬空）。

半桥方式：在接线排上 AB、BC 之间接半桥应变片（B′、D 和 D′ 悬空）。

1/4 桥方式：将 COM 端上的 CD 之间接上补偿应变片。在测试通道的接线排上将 BB′，DD′用短接片短接，在 AB 之间接测试应变片（C 悬空）。A 接点为应变片公共接点。详细连接如图 4-30 右端所示。

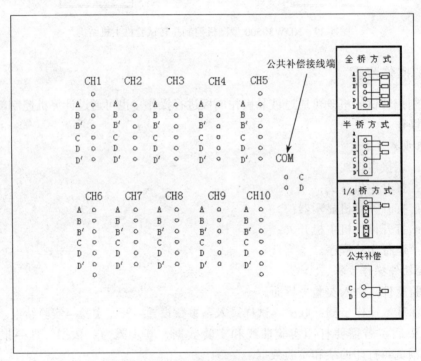

图 4-30　硬件上面板连接示意图

2）前面板上有载荷、位移通道接口和电源开关。将载荷和位移的航空接头分别插到前面板对应接口上，如图 4-31 所示。

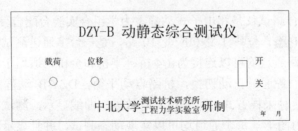

图 4-31　前面板示意图

3）在电源断开状态下按要求连接装置。

4）使用之前，先将仪器预热 5～10 min。

4.3.2　学生软件使用方法

1. 界面登录

登录界面，输入实验人员信息，如图 4-32 所示。

当其中一项信息没有输入时，弹出相应的警告信号（图 4-33，单击[确定]按钮后再在相应对话框中输入对应信息，单击[登录]即可，如想退出则单击[退出]按钮。

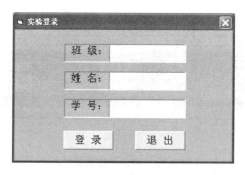

图 4-32　登录对话框

图 4-33　系列警告提示

2. 动静态综合测试系统界面进入

按上述步骤一正确操作后即可进入动静态综合测试界面，如图 4-34 所示。

3. 装置号选择

单击图 4-34 中[进入]按钮后，弹出装置选择对话框，如图 4-35 所示，根据力学综合实验台的编号选择装置号，同时也就确定了客户的排列顺序（装置 1—客户 1）。根据实验要求选择参数。装置动态参数的选择一定要与硬件的连接相一致，否则将导致实验数据错误。单击[确定]进入参数设置界面，如图 4-36 所示。

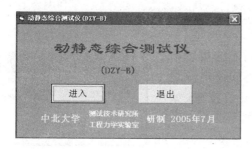

图 4-34　进入界面

图 4-35　装置选择对话框

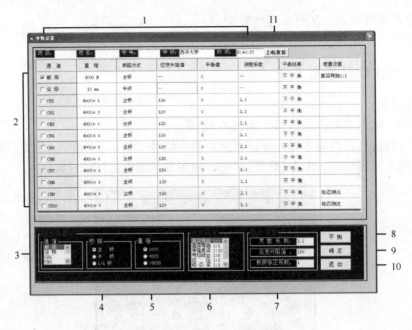

图 4-36　动态参数设置界面

4. 进入装置动态参数设置界面

（1）界面功能介绍

1）实验人员的班级，姓名，学号，学校，实验时间信息。

2）选择要测试的通道，在通道数前单击打对钩。CH1—CH10 为应变测量通道，建议 CH9、CH10 用于动态测量。

3）在这里选中相应的通道，在 4）和 5）中选择相应参数，7）中输入应变片的灵敏度系数等，当选择不同的通道时主界面对应的表格中颜色变为蓝色。

4）桥路连接方式选择：全桥、半桥、1/4 桥

5）选择通道的量程：1000、4000、10000

6）选择装置的接入方法，即载荷传感器接受的接入方式。

7）CH1—CH10 应变片的特性参数（一般不需要改变）

8）[平衡]按钮，按下时所选的通道按选定桥路方式调节桥路平衡。

9）[确定]按钮，按下之后进入实验平台。

10）退出程序。

11）硬件重新上电后点击[上电复位]按钮对硬件进行复位。

（2）提示

在进入此界面后，如果出现图 4-37 所示的提示，应检查数据线是否连接好或动静态综合测试仪电源是否打开。检查完毕并连接正确后单击上电复位按钮。如果还出现此对话框，还需要检测连接，否则无法平衡和测量。

图 4-37　提示框

5. 数据采集显示界面

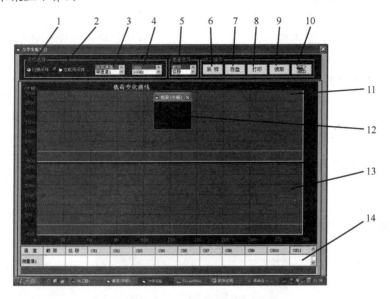

图 4-38　数据采集显示界面

扫描采样是所有通道同时进行数据采集。在实时采样时通过 5 选择框来实时切换显示通道。

1）定载荷采样通过设定载荷增量来记录选择载荷点对应的应变数值。载荷增量则通过定载荷采样设定对话框动态设定，如图 4-39 所示。

通道采集模式有两种：所有通道、单通道。在选择了通道模式后，能够选择的通道在通道选择里自动调整。所有通道最高采样频率为 1 kHz，单通道采样最高采样频率为 10 kHz。这种模式下数据采集完后自动保存，并提示输入保存名称。

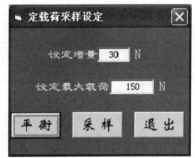

图 4-39　定载荷采样参数设定

2）采样频率选定。在使用定载荷采样时使用 100 Hz 采样。

3）显示通道选择，选定的通道在 13 所指画面显示。

4）开始采样命令。循环采样时，按下该按钮开始采样。如果开始采样后显示的数据与实际不符，用户可以重新采样。当采用定载荷采样时，该采样按钮成为设置按钮，按下该按钮后，弹出定载荷采样设定对话框，用户可根据实验要求进行选择。

5）数据存盘。该功能是将当前选择的通道数据存储为 "*.dat" 文件。文件存放在该软件所在路径之下。保存的文件名以 "输入文件名&通道.dat" 形式存在。例如输入 "西华大学"，选择通道 "载荷"，文件保存名为 "西华大学&载荷.dat"。

6）打印功能。选择打印当前显示界面的曲线或数值。

7）读取保存的数据。按下 [读取] 按钮进入图 4-43 所示界面。

8）退出采样。

9）载荷曲线显示界面。

10）显示载荷数值量。

11）显示通道选择的通道显示界面。

12）在上述两界面上单击鼠标左键，在此列表框中对应显示画面的数值，双击鼠标右键则确定数值。

6. 定载荷采样动态参数设定

载荷的初始值是调平衡的零值。程序记录对应载荷的位移值或应变值。最大载荷值取增量的整数倍。

[**平衡**]按钮：在认为桥路不平衡时重新平衡；

[**采样**]按钮：按下开始采样。

[**退出**]按钮：退出到数据采集主界面。

7. 数据存盘界面

按下[**存盘**]按钮，弹出图 4-40 所示界面，用户根据提示操作存盘。

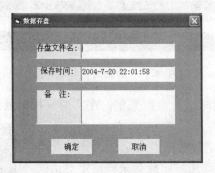

图 4-40　文件保存信息界

8. 采样结束显示的数据表

图 4-41 所示为定载荷测试数据表，该表在数据记录到最大载荷量后自动弹出。图 4-42 所示为扫描采样测试数据表，该报表在扫描采样完成后，自动弹出。

图 4-41　定载荷测试数据表

图 4-42　扫描采样测试数据表

9. 数据读取界面（图 4-43）

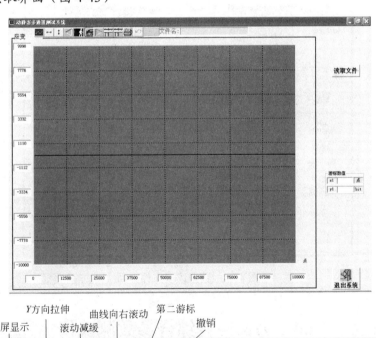

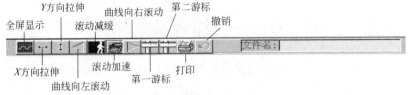

图 4-43　全屏显示与数据读取显示界面

1）X 方向拉伸按钮。单击该按钮，在欲展开画面的区间左、右各单击一次，单击的区间即满屏显示。

2）Y 方向拉伸按钮。单击该按钮，在欲展开画面的区间上、下各单击一次。单击的区间即满屏显示。

3）曲线向左滚动按钮。按下该按钮不放，曲线向左移动。

4）滚动减缓按钮。单击此按钮放慢曲线左右移动速度。可连续点击。

5）滚动加速按钮。单击此按钮加快曲线左右移动速度。可连续点击。

6）曲线向右滚动按钮。按下该按钮不放，曲线向右移动。

7）第一游标按钮。单击此按钮后，可查询曲线上任一点的数值。数值显示在框中。

8）第二游标按钮。单击此按钮后，可查询曲线上任一点的数值。数值显示在框中。单击第一游标后，再单击第二游标，可计算差值。

9）打印按钮。

10）撤消操作按钮。

11）帮助信息按钮。

12）读取文件。单击该按钮弹出图 4-44 所示界面，选择所要读取的文件，双击该文件或单击[打开]按钮即可打开测试的图形。

13）游标数值。当单击测试界面中的某点时，会分别显示 X 轴、Y 轴数值。

14）退出系统按钮。单击该按钮，退出系统。

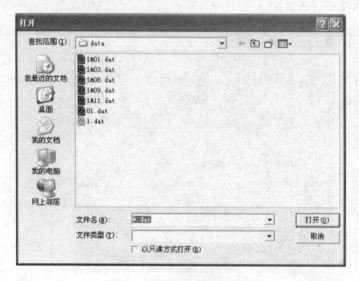

图 4-44　数据读取文件界面

4.4　力&应变综合参数测试仪

XL 2118 C 型力&应变综合参数测试仪是采用最新嵌入式 MCU 控制技术、显示技术、模拟数字滤波技术等精心设计的。该综合参数测量仪采用七屏 LED 同时显示，测力（称重）与普通应变测试同时并行工作且互不影响。通过对测量参数的正确设置，测力部分能适配绝大多数应变力（称重）传感器，测量精度高；应变测量部分采用现代应变测试中常用的预读数法自动桥路平衡的方法，增强学生对现代测试尤其是虚拟仪器测试的基本概念和使用方法的了解。

4.4.1　组成及结构

XL 2118 C 型力&应变综合参数测试仪外形结构如图4-45、图4-46所示，系统原理如图 4-47 所示。

图 4-45　XL 2118 C 型力&应变综合参数测试仪前面板

测力模块：6 位 LED 显示拉压力。

　　　　　4 个发光二极管显示测量单位：t/kN/kg/N。

测量单位：t/kN/kg/N。

4 个按键：设定、清零、N/kg 单位转换、kN/t 单位转换。左下方设有整个仪器的电源开关一个。

应变测量模块：2 位 LED 显示测点序号；5 位 LED 显示应变值；

3 个功能按键：系数设定、自动平衡、通道切换。

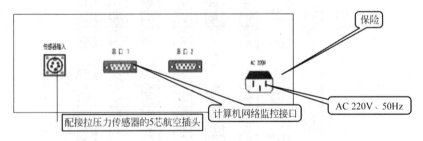

图 4-46　XL2118C 型力&应变综合参数测试仪后面板

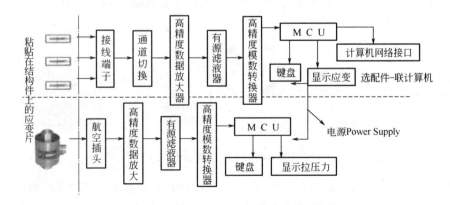

图 4-47　系统原理示意图

4.4.2 使用方法

1. 测力模块的使用方法

测力模块标定（此工作事先已作好）完毕后就可进行拉压力的测量。其使用方法如下：在测量状态，"设定"键失效，这是为了防止误操作影响系统测量参数；"清零"键用于测力传感器处于零载荷状态下清除传感器的初始零点。"N/kg""kN/t"两个键用于根据需要在两个力值单位间进行切换，以适合不同测试情况的需要。

【注】因单片机功能限制，单位转换过程会产生转换误差、因此最好使用标定时设置的单位进行测量。出厂时本测试仪默认配置为 1 kg = 9.81 N。

2. 应变测量模块的使用方法

（1）准备工作

1）根据测试要求，使用 1/4 桥（半桥单臂、公共补偿）、半桥或全桥测量方式。

2）建议尽可能采用半桥或全桥方式测量，以提高测试灵敏度及实现测量点之间的温度补偿。

3）将 XL 2118 C 型力&应变综合参数测试仪与 AC 220V 50Hz 电源相连接。

（2）接线

打开仪器上面板，会看到接线部分如图 4-48 所示。这些端子由 16 个测量通道接线端子（接测量片）和一个公共补偿接线端子（用于 1/4 桥和半桥单臂测试）组成。

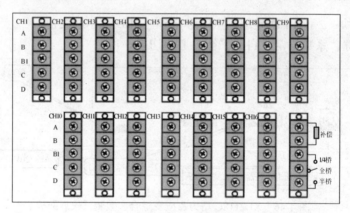

图 4-48 XL 2118 C 型力&应变综合参数测试仪接线端子示意图

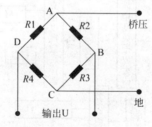

图 4-49 电桥原理示意图

各测点中接线端子 A、B、C、D 定义参考图 4-49 所示电桥原理示意图。B1 为测量电桥的辅助接线端，以实现 1/4 桥测试时的稳定测量，半桥、全桥测试时不使用 B1 端。

（3）组桥方法

XL 2118C 型力&应变综合参数测试仪主机由 16 个测点组成，可接成 1/4 桥（半桥单臂）、半桥、全桥。具体接法如图 4-50、图 4-51、图 4-52 所示。

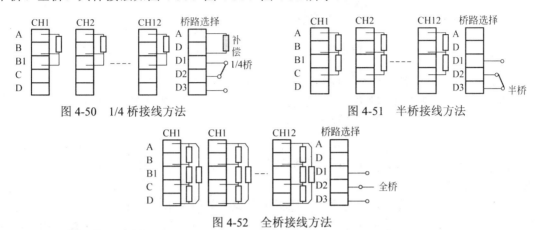

图 4-50　1/4 桥接线方法　　　　　　　　　图 4-51　半桥接线方法

图 4-52　全桥接线方法

为方便使用，1/4 桥测试时连接 B 和 B1 端，配有短接片。

【注】只有 1/4 桥测试时需将短接片连好，半桥/全桥测试时应将 B 与 B1 之间的电气连接断开，否则可能会影响测试结果。同时本测试仪不支持 3 种组桥方式的混接。

（4）测量参数设定

根据实际测试需要接好桥路后，首先打开电源、预热 20 min 后，如果实验环境、被测对象及测试方法均没有变动，就可以直接进行实验，无需进行测量系数设定。这是因为上次实验设置的数据已被 XL 2118C 型力&应变综合参数测试仪存储到系统内部。

在仪器的手动状态、手动工作指示灯亮时，按下系数设定键，LED 显示"SETUP"字样并闪烁三次后进入灵敏系数设定状态。

如前所述，仪器前面板上设计有 3 个键，这些键被定义成应变测量状态下常用的 3 个功能。因此，为完成灵敏系数的设定工作，这 3 个键在设定状态下需重新定义（面板中未印出），见表 4-6。

表 4-6

系数设定	存储键，存储当前设定的灵敏系数（1.00～3.00），如所设系数未超出范围，则新灵敏系数生效并返回测量状态
自动平衡	从左到右循环移动闪烁位
通道切换	循环递增闪烁位数值从 0～9，到 9 后，再按则该位数值变为 0

（5）测量

1）仪器预热 20 min，同时应变测量系数 K 设定确认无误后，即可进行测试。

在测量状态下，功能按键（从左→右）定义如下：

① 系数设定键。按该键后进入应变片灵敏系数修正状态。灵敏系数设置完毕后自动保持，下次开机时仍生效。

② 自动平衡键。对本机全部测点自动扫描，从第 01 号测点到 16 号测点进行全部测点的桥路自动平衡（预读数法）。平衡完毕后返回手动测量状态。自动平衡状态下应变窗口显示

如图 4-53 所示。

图 4-53　自动平衡时应变窗口指示

③ 通道切换键。在测量状态按该键一次，当前应变测量模块按照次序翻屏，并显示对应测点的应变值。XL 2118 C 型力&应变综合参数测试仪第一屏为 CH01～CH06；第二屏为 CH07～CH12；第三屏为 CH13C～H16；再按该键返回第一屏。

2）预调平衡。按下"自动平衡"键，应变测量各测点显示如图 4-53 所示，约 2 s。在显示期间系统自动对 CH01～CH16 全部测点进行预读数法自动平衡。平衡完毕后返回测量状态。

3）测力模块清零。在测力（称重）传感器不受载荷的情况下，按下测力模块的"清零"按键，即可对传感器测试通道进行清零操作。应变测量与应力测量在本仪器中属于相对独立的两个功能模块,因此关于配接拉压力传感器部分请参考测力模块使用说明。

4）完成应变测量模块的预调平衡操作和测力模块的清零操作后，即可进行实验测试。期间使用者只需通过"通道切换"操作，根据所连接应变片的测点选择观测屏幕即可。即 CH01～CH06、CH07～CH12、CH13～CH16。

5）当测力模块或应变测试模块的 LED 显示"-----"时，表示该测点输入过载或平衡失败，请检查应变片或接线是否正常。

4.4.3　注意事项

1）1/4 桥测量时，测量片与补偿片阻值、灵敏系数应相同；同时温度系数也应尽量相同（选用同一厂家同一批号的应变片）。

2）接线时如采用接线叉请旋紧螺钉；同时测量过程中不得移动测量导线。

3）长距离多点测量时，应选择线径、线长一致的导线连接测量片和补偿片。同时导线应采用绞合方式，以减少导线的分布电容。

4）仪器应尽量放置在远离磁场源的地方。

5）应变片不得置于阳光下暴晒；同时测量时应避免高温辐射及空气剧烈流动的影响。

6）应选用对地绝缘阻抗大于 500 MΩ 的应变片和测试电缆。

4.5　电子式动静态力学组合实验台

4.5.1　概述

1. 实验台的主要特点

DDT-4 型电子式动静态力学组合实验台为力学实验提供了一种多功能实验平台。本实验台集直梁弯曲、等强度梁弯曲、弯扭组合与纯扭转、拉伸与压缩变形、动态梁和冲击杆 6 种装置为一体，是一种综合式的实验设备。实验台采用组合式杠杆传递载荷，螺旋连续加载。

载荷、位移传感器和应变信号经多通道测试系统放大、模数转换，由计算机处理并显示，而且可通过软面板操作，实现数字化测试，并具有动静态测试功能。图 4-54 所示为该实验台系统结构框图。

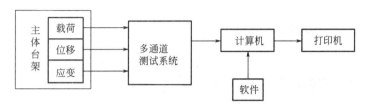

图 4-54　实验系统结构框图

DDT-4 型电子式动静态力学组合实验台的特点如下：

1）组合式的实验平台。在主台架上组合安装有直梁弯曲、等强度梁弯曲、弯扭组合及扭转、拉压、动态梁和冲击杆 6 种装置，可实现动静态测试。

2）组合式的杠杆传力系统。实验台采用一个力传感器，通过杠杆传力系统分别在 4 个位置加载，其杠杆比分别为 1∶1、1∶6、1∶10 三种。

3）直观方便的加载与测力系统。实验台均采用螺旋加载，经传感器与测试电路，最后在计算机屏幕上显示载荷数据，易于分级加载、连续加载和定量加载。

4）操作界面友好，数据处理功能强。采用计算机数据采集，分别显示载荷与应变，同时对实验数据计算处理。实验按操作界面提示进行。

5）方便实用的连接结构。该实验台设置有组桥接线板，采用弹性插口，试样上的应变片引线通过专用插头与插口相连，使用时只需把线头插入接口中即可，方便各种组桥接线。

6）典型的布片方案与严格的贴片工艺。在试样上选定特殊的测点，采用多种典型的布片方案粘贴各种类型的应变片，贴片工艺精细。采用专用接线端子引线，布线整齐美观。

7）多种实验内容与实验方案的组合。同一实验项目可采用多种实验方案来完成，多数实验项目属于设计性、综合性实验，特别是其动态实验具有创新性。

2. 实验台的主要技术指标

（1）主体台架主要技术指标

载荷范围：0～3000 N；位移范围：0.01～15 mm（另配）；杠杆比：1∶1，1∶6，1∶10；载荷灵敏度：1 N；载荷误差：≤2%；过载能力：150%；外形尺寸：800 mm×500 mm×1200 mm；质量：80 kg。

（2）动静态应变测试系统性能指标

1）工作电压：220 V，50 Hz，交流电。

2）通道数：12 路，其中载荷 1 路，位移 1 路。

3）量程：±10000 微应变。

4）接桥方式：全桥、半桥、1/4 桥。

5）自动桥路平衡：平衡时间约为 2 s。

6）增益范围可调容量。通过计算机，平衡调节范围为使用电桥电阻的±1%，可扩展到 100 M。

7）采样频率多档选择：10 kHz、1 kHz、100 Hz。

8）灵敏度：1 个微应变。

9）精度：±0.3％。

10）线性度：±1％。

11）信噪比：>60 dB。

12）频响范围：0～10 kHz。

13）输入阻抗：$10^{10}\ \Omega$。

4.5.2　实验台的装配与调试

1. 纯弯梁实验装置

在两支座上面的槽中放入光杆，作为支承端。按直梁所划的刻线对准支承端和拉框受力端。调整加力器上的螺栓高度，防止过载的限位。螺旋加载放大比为 1∶1。

2. 等强度梁装置

用螺栓将梁固定在圆支座上，挂上加力框，调整加力杆上的螺杆高度作为过载限位，螺旋加载放大比为 1∶10。

3. 弯扭装置

将圆筒按划线位置，固定在固定架上，通过 V 形块夹紧。筒的右端装扭力臂，用螺栓压紧。挂上加力框，调整螺杆限位过载保护，螺旋加载放大比为 1∶6。纯扭转实验时，筒的右端用活动支块支承，以消除弯扭。

4. 拉压装置

将反向架、槽杆安装好，做拉伸实验时，在连接叉和槽杆间安装试样；做压缩实验时，在槽杆与反向架底部间安装试样。槽杆沿导轨上、下移动改变距离。螺旋加载，直接转动手轮，不论拉或压，传感器始终受拉力。加载手轮上、下螺纹分别为左、右旋。

5. 动态测试装置

动态测试装置分为动态梁与冲击杆，用螺栓将动态梁固定在圆支座上，在其一端安装上一小电动机及一偏心轮装置。将冲击杆安装在台面的一边，用铰链铰接，使其在直立状态下可以在一个方向上自由摆动。

6. 引线连接

各试样引线通过标准插口直接和接口板相连，传感器引线直接和测试仪连接。

7. 注意事项

1）分项实验时，注意松开其余加载螺旋，使其不受力，防止相互干涉。

2）注意限位保护，防止过载。在动态梁上的质量块由螺栓固定在小电动机上，每次实验前要拧紧该螺栓，防止偏心质量块飞出伤人。

3）实验台定位后使用地脚支承固定。

4）注意保护各应变片。

4.6　材料力学实验台

材料力学实验台是方便同学们自己动手操作材料力学电测实验的设备，一个实验台可做7 个以上电测实验，功能全面，操作简单。

4.6.1　构造及工作原理

1．外形结构

实验台为框架式结构，分前、后两片架，如图 4-55a、b 所示。前片架可做弯扭组合受力分析，材料弹性模量、泊松比测定，偏心拉伸实验，压杆稳定实验，悬臂梁实验及等强度梁实验；后片架可做纯弯曲梁正应力实验，电阻应变片灵敏系数标定及组合叠梁实验等。

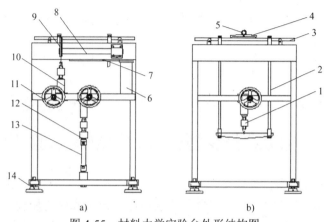

图 4-55　材料力学实验台外形结构图

a）前片架　b）后片架

1—传感器　2—弯曲梁附件　3—弯曲梁　4—三点挠度仪　5—千分表　6—悬臂梁附件　7—悬臂梁　8—扭转筒
9—扭转附件　10—加载机构　11—手轮　12—拉伸附件　13—拉伸试样　14—可调节底盘

2．加载原理

加载机构为内置式，采用蜗轮蜗杆及螺旋传动的原理，在不产生对轮齿破坏的情况下，对试样进行施力加载，该设计采用了两种省力机械机构组合在一起，将手轮的转动变成了螺旋千斤加载的直线运动，具有操作省力，加载稳定等特点。

3．工作机理

实验台采用蜗杆和螺旋复合加载机构，通过传感器及过渡加载附件对试样进行施力加载，加载力大小经拉压力传感器由力&应变综合参数测试仪的测力部分测出所施加的力值；各试样的受力变形，通过力&应变综合参数测试仪的测试应变部分显示出来，该测试设备备有微机接口，所有数据可由计算机分析处理打印。

4.6.2　操作步骤

1）将所做实验的试样通过有关附件连接到架体相应位置，将拉压力传感器和加载件连接到加载机构。

2）连接传感器电缆线到仪器传感器输入插座，连接应变片导线到仪器的各个通道接口。

3）打开仪器电源，预热约 20 min，输入传感器量程、灵敏度及应变片灵敏系数（一般首次使用时已调好，如实验项目及传感器没有改变，可不必重新设置），在不加载的情况下将测力量和应变量清零。

4）在初始值基础上对各试样进行分级加载，转动手轮速度要均匀，记下各级力值和试样产生的应变值，进行计算、分析和验证，如已与计算机连接，则全部数据可由计算机进行简单的分析并打印。

4.6.3 注意事项

1）每次实验前最好先将试样摆放好，仪器接通电源，打开仪器预热约 20 min，讲完课再做实验。

2）各项实验不得超过规定终载的最大拉（压）力。

3）加载机构作用行程为 50mm，手轮转动快到行程末端时应缓慢转动，以免撞坏有关定位件。

4）所有实验进行完后，应释放加力机构，最好拆下试样，以免闲杂人员乱动，损坏传感器和有关试样。

5）螺旋加载机构每半年或定期加润滑机油，避免干磨损，缩短使用寿命。

4.7 互动式普及型材料力学创新实验平台

互动式普及型材料力学创新实验平台是由西华大学力学实验中心自主研发的实验设备（专利号：CN201320083452.1）。该平台具体包括任意分布载荷的加载装置、力偶载荷的加载装置、不同载荷方向的实现装置、各种约束方式的实现装置、各种截面形状杆件的旋转加载承力装置和各种截面杆件的组合连接的实现装置。

构造及工作原理

1. 外形结构

图 4-56 所示为互动式普及型材料力学创新实验平台外形结构。其上部为框架式结构，分为前框架、后框架、左框架、右框架，中间为移动平台；其下部为实验配件工具箱。前框架可做与分布载荷作用有关的创新实验项目；后框架可做与力偶作用有关的创新实验项目；左框架、右框架可做与材料弹性模量、泊松比测定、偏心拉伸实验、压杆稳定实验等相关的创新实验项目；中间移动平台与前框架、后框架、左框架、右框架配合使用时，可做与悬臂梁实验、等强度梁实验、纯弯曲梁正应力实验、电阻应变片灵敏系数标定、组合叠梁实验等相关的创新实验项目。

2. 加载原理

加载机构为三类：第一类是采用蜗轮蜗杆及螺旋传动的原理，将集中力直接对试样进行施力加载；第二类是加载各种分布载荷，采用蜗轮蜗杆及螺旋传动的原理，将集中力通过可调式弹簧组合转化为分布载荷，再对试样进行施力加载；第三类是采用蜗轮蜗杆、螺旋传动及扭矩传感器组合装置，将力偶作用于试样，进行力偶加载。该实验平台采用两种省力机械机构组合在一起，将手轮的转动变成了螺旋千斤加载的直线运动，具有操作省力、加载稳定等特点。这三类加载机构可相互配合，以实现对试样进行各种载荷的组合加载的目的。

3. 工作机理

该实验平台第一类加载机构为蜗轮蜗杆和螺旋复合加载机构，通过传感器及过渡加载附件对试样进行施力加载，加载力大小经拉压力传感器由力&应变综合参数测试仪的测力部分测出；各试样的变形应变通过力&应变综合参数测试仪的测试应变部分显示。

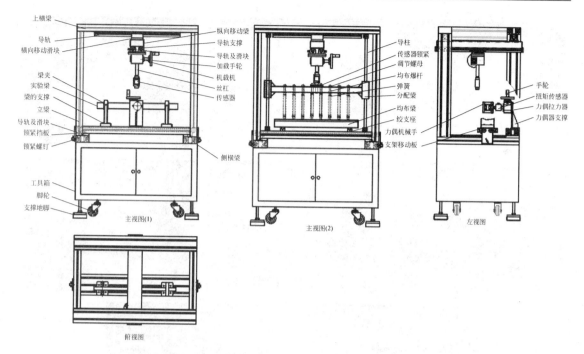

图 4-56　互动式普及型材料力学创新实验平台外形结构图

该实验平台第二类加载机构仍为蜗轮蜗杆和螺旋复合加载机构,通过传感器及过渡加载附件对试样进行施力加载,将集中力通过可调式弹簧组合转化为分布载荷,加载力大小经拉压力传感器由力&应变综合参数测试仪的测力部分测出;各试样的变形应变则通过力&应变综合参数测试仪的测试应变部分显示。

该实验平台第三类加载机构为蜗轮蜗杆、螺旋传动及扭矩传感器组合装置,将力偶作用于试样,进行力偶加载,加载力偶矩大小经扭矩传感器由力&应变综合参数测试仪的测力部分测出;各试样的变形应变则通过力&应变综合参数测试仪的测试应变部分显示出来。

该实验平台的实验例图如图 4-57 所示。

其中,任意分布载荷的加载装置包括上横梁框、可移动加载小车、蜗杆加载箱、加载手柄、丝杠、力传感器、导杆、直线轴承、上导板、可调弹簧、弹簧预压量标度样条、预压弹簧调节螺母、弹簧限位螺杆、下导板、弹性垫片、实验梁体、多功能铰支座、导杆法兰支座、下横梁框。上横梁框设置在任意分布载荷的加载装置的最上端;可移动加载小车连接上横梁框,设置在上横梁框的下侧;蜗杆加载箱安装在可移动加载小车的下方;加载手柄设置在蜗杆加载箱的一侧;力传感器设置在蜗杆加载箱的末端;导杆设置在任意分布载荷加载装置的两侧;可调弹簧设置在上导板和下导板之间,弹簧预压量标度样条设置在可调弹簧的下面,预压弹簧调节螺母设置在弹簧预压量标度样条的下面,弹簧限位螺杆贯穿可调弹簧的中间;多功能铰支座和导杆法兰支座设置在下横梁框上,实验梁体设置在多功能铰支座上,弹性垫片设置在实验梁体的表面。

各类实验中测定梁的挠度、转角等时会使用到其他的设备仪器,如挠度仪、位移传感器、倾角传感器、程控测力仪(可测位移型)等。

图 4-57　不同约束、不同加载方式组合的实验例图

另外，基于"互动式普及型材料力学创新实验平台"的创新实验简介参见 3.5 节。

【注】对"互动式普及型材料力学创新实验平台"感兴趣的学生、老师或学校可与本书主编单位西华大学力学实验中心联系，电邮地址为：gubing2@vip.sina.com。

第5章 基础力学实验基本训练

5.1 基本实验预习思考题

拉伸与压缩实验：

1. 拉伸实验中测定哪些主要性能指标？观察哪些力学现象？
2. 加载过程中怎样确定屈服载荷 P_s？
3. 在什么情况下采用断口移中的办法？
4. 怎样测量试样直径？为什么取最小平均直径计算 S_0？
5. 本实验依据《金属拉伸实验方法》的国家标准进行，该国标是什么？

扭转实验：

6. 扭转实验要测定低碳钢试样的哪些指标？测定铸铁试样的哪些指标？
7. 低碳钢在扭转时的变形要经历哪三个阶段？

纯弯曲正应力实验：

8. 了解直梁弯曲正应力公式及曲率公式的意义和推导方法。
9. 了解电阻应变片和电阻应变仪的基本原理和多点测量的方法。
10. 怎样使用等值增量的方法？
11. 本实验主要有哪些设备、仪器？

金属材料弹性常数 E、μ 的测定：

12. 本实验的实验原理是什么？

粘贴电阻应变片实验：

13. 预习电测法的基本原理。
14. 本实验主要有哪些设备、仪器及材料？

电阻应变片的接桥方法实验：

15. 何谓电测法？了解电阻应变测量法的基本原理。
16. 了解 DDT-4 型电子式动静态力学组合实验台的使用方法及注意事项，了解多通道测试系统使用方法。

弯扭组合变形时主应力的测定：

17. 掌握主应力的理论计算方法和了解主应力测试方法。
18. 确定一点应力状态，为什么要用应变计？通常至少用几片工作电阻应变计？

压杆稳定实验：

19. 何为细长压杆？
20. 欧拉公式的适用范围是什么？

5.2　基本实验和选做实验的复习问答题

拉伸与压缩实验：

1．由拉伸破坏实验所确定的材料力学性能数据有何实用价值？

2．为何在拉伸实验中必须采用比例试样或定标试样？

3．材料和直径相同而标距不同的试样，断后伸长率是否相同？为什么？

4．试说明低碳钢及铸铁的断口特征。

5．何谓比例试样？它应满足什么要求？

6．试比较低碳钢在拉伸及压缩时的力学性能，以及铸铁在拉伸及压缩时的力学性能。

7．铸铁试样压缩时，为什么沿与轴线成 45° 左右的斜截面破坏？

8．试样压缩后为什么成鼓形？

9．压缩实验为什么说是有条件的？

扭转实验：

10．试样扭转破坏时，低碳钢试样的断裂方向如何？铸铁的断裂方向又如何？

11．试比较低碳钢和铸铁在扭转时的力学性能，并根据断口特点分析其破坏原因。

12．根据拉伸、压缩和扭转 3 种实验结果，从载荷-变形曲线、强度指标、试样上一点的应力状态图和破坏断口等方面综合分析低碳钢与铸铁的力学性能。

13．铸铁扭转破坏断口的倾斜方向与外加扭矩的方向有无直接关系？为什么？

纯弯曲正应力实验：

14．引起误差的主要因素有哪些？

15．弯曲正应力的大小是否会受材料弹性模量 E 的影响？为什么？

16．在初载荷 P 下，各测点的应变初读数 ε 是否相同？为什么？

17．为什么要把温度补偿片贴在与纯弯曲梁相同的材料上？

18．本实验为什么要用增量加载？与拉伸实验中测弹性模量 E、扭转实验中测剪切弹性模量 G 中的增量法加载的目的有什么不同？

金属材料弹性常数 E、μ 的测定：

19．采用何种接桥方式可以使实验数据更精确？

20．为了使实验数据更准确，实验操作应注意哪些事项？

21．试样的尺寸和形状对测定弹性模量有无影响？为什么？

22．用逐级加载方法所求出的弹性模量与一次加载到最终值所求出的弹性模量是否相同？

粘贴电阻应变片实验：

23．简述贴片质量检查的程序。

24．总结、讨论质量检查中发现的问题。

电阻应变片的接桥方法实验：

25．何谓温度补偿？如何消除？

26．电阻应变测量法有几种接电桥测试方法？分别是什么？

27．实验台组合了哪几种实验装置？实验台采用什么方式加载？

弯扭组合变形时主应力的测定：

28．如何用实验的方法验证实现了"消弯测扭"？

29．如何用实验的方法验证实现了"消扭测弯"？

30．在你所做过的电测应力实验中，用到过几种接桥方法，各有什么特点？

31．如果测点紧靠固定端，实测应力将如何变化？原因何在？

32．画出图 2-32 中指定点 a、b 的应力状态图。

压杆稳定实验：

33．为什么说试样厚度对临界载荷影响极大？

34．压缩实验与压杆稳定实验目的有何不同？

35．失稳现象与屈服现象本质上有什么不同？

36．对同一试样，当支承条件不同时，压屈后的弹性曲线及承载力是否相同？

37．与理论值进行比较，验证欧拉公式，并进行简要论述。

低碳钢剪切弹性模量 G 的测定：

38．实验过程中，有时候在加砝码时百分表指针不动，这是为什么？应采取什么措施？

材料的冲击实验：

39．冲击韧度在工程实际中有哪些实用价值？冲击韧度是相对指标还是绝对指标？

40．冲击试样上为什么要制造缺口？

41．试述焊接钢结构比铆接钢结构容易发生脆性破坏的原因。

金属疲劳演示实验：

42．试述金属疲劳断裂的特点。

43．试述疲劳宏观断口的特征及其形成过程。

44．试述疲劳图的意义、建立及用途。

45．试述疲劳裂纹的形成机理及阻止疲劳裂纹萌生的一般方法。

46．根据不同桥接方法分别测得拉应力及弯曲正应力，并与综合测量结果进行分析比较。

47．试分析实验误差情况。

光弹性观察实验：

48．列出 3 种以上的光弹性模型。

5.3　基本实验概念题

1．比较低碳钢和铸铁两种试样拉伸断口的区别，并大致判断其塑性。

2．铸铁扭转破坏断裂面为何是 45° 螺旋面而不是 45° 平面？

3．金属材料拉伸时的性能指标中，屈服性能指标和塑性性能指标有哪些？

4．低碳钢拉伸试样断口不在标距长度 1/3 的中间区段内时，如果不采用断口移中办法，测得的断后伸长率较实际值_____。

5．试绘出低碳钢拉伸时的 $\sigma - \varepsilon$ 曲线和扭转时的 $\tau - \gamma$ 曲线的示意图，比较两者的异同，并分析其原因。

6．做材料力学实验时，你考虑过数据的精度问题吗？实验所用的机器、仪表的精度一般有两种表示法，即用示值误差和满量程误差来表示，你知道这两者的含义吗？所用仪器以满量程表示时，如何计算其测量值的误差？

7. 电阻应变片所测量的应变是_____。

A. 应变片栅长范围的平均应变　　　B. 应变片长度范围的平均应变

C. 应变片栅长中心点处的应变　　　D. 应变片栅长两端点处应变的平均值

8. 若电阻应变仪的灵敏系数大于电阻应变片的灵敏系数，则电阻应变仪的读数应变_____电阻应变片所测量的真实应变。

A. 大于　　　　　　B. 小于　　　　　　C. 等于　　　　　　D. 可能大于，也可能小于

9. 应变片灵敏系数是：在应变片轴线方向的_____作用下，应变片电阻值的相对变化_____与安装应变片的试样表面上沿应变片轴线方向的应变 ε 之比值。

10. 什么是温度补偿片？

11. 测量弯曲正应力时，为何要采用分级加载的方法？

12. 下图试样受扭，材料处于纯剪切应力状态，在与杆轴成 $\pm45°$ 角的螺旋面上，分别受到主应力和剪应力的作用，试画出主应力 σ_1、σ_3 和剪应力 τ 的受力方向。

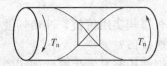

13. 受扭圆轴上贴有 3 个应变片，如图所示。实测时应变片_____的读数几乎为零。

A. 1 和 2　　　B. 2 和 3　　　C. 1 和 3　　　D. 1、2 和 3

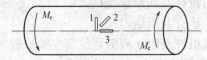

14. 在圆轴的表面画上一个图示的微小正方形，受扭时该正方形_____。

A. 保持为正方形　　　　　　B. 变为矩形

C. 变为菱形　　　　　　　　D. 变为平行四边形

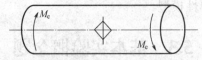

15. 在图示梁的 A 点测得梁在弹性范围内的纵横方向的线应变 ε_x、ε_y 后，所能算出的材料常数有_____。

A. 只有 E　　　B. 只有 v　　　C. 只有 G　　　D. E、v 和 G 均可算出

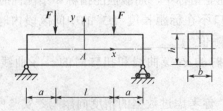

5.4　综合实验概念题

1．材料力学实验中，在测量应变或位移时往往先预加载，然后再用等量加载的方法。这是为什么？等量加载和一次加载到最终值，两者所得实验结果是否相同？

2．应变片灵敏系数是：在应变片轴线方向的_____作用下，应变片电阻值的相对变化 $\Delta R/R$ 与安装应变片的试样表面上沿应变片轴线方向的应变 ε 之比值。

A．单向应变　　　　　　　　　　B．平面应力

C．平面应变　　　　　　　　　　D．单向应力

3．应变仪的灵敏系数 $K_{仪}=2.30$，应变片的灵敏系数 $K_{片}=2.16$ 时，仪器的读数 $\varepsilon_{仪}=40\times10^{-4}$，则实际的应变值 ε 为_____。

4．在纯弯曲梁正应力测定实验中，采用增量法加载，但未考虑梁的自重，应该考虑，还是可以忽略？为什么？

5．悬臂梁受载如下图所示，要分别测得 P_1 和 P_2 值，在下面 4 种贴片方案中，正确的是_____。

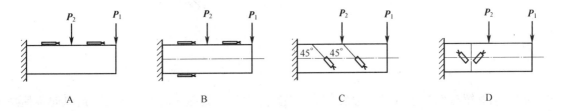

6．工字钢悬臂梁受力如图所示，用应变电测法测量危险点的应力状态，试问应变计应如何布置？（对布片的目的作简要说明）

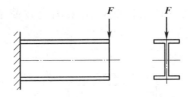

7．T 形截面梁，已知某横截面上有弯矩和剪力，请用电测法测出该弯矩和剪力的大小。

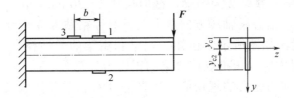

8．如图所示的悬臂梁，在同一横截面的上、下表面已粘贴有 4 枚相同的应变片，梁端部受力 F 的作用。试设计相应的桥路连接方式，以分别测出 F 引起的弯曲应变和压应变，并给出计算公式。（不计温度效应，桥臂可接入固定电阻）

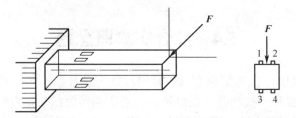

9．一矩形截面悬臂梁受力如图所示，在 A-A 截面沿轴向已粘贴 4 片应变片（上、下表面各并列两片，应变片号如图所示）。欲测 A-A 截面的弯曲应变，正确的组桥方式是＿＿＿＿。

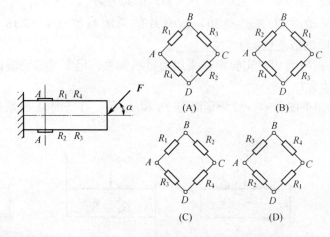

10．悬臂梁截面为正方形，边长为 a，在距右端为 l 处截面的上、下表面沿纵向各粘贴一枚相同的电阻应变片 R_1、R_2，受载荷 F 作用，如图所示，并有温度补偿片 R_3、R_4。

（1）试组桥分别测定弯曲应变 ε_M 与压应变 ε_P，绘出桥路接线。

（2）写出测量应变与应变仪读数 ε_{ds} 的关系。

（3）已知材料弹性模量为 E，请根据测量结果确定载荷 F 的大小及其与杆轴线间的夹角 α。

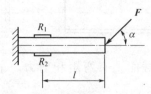

11．叠梁 1 为铝梁，叠梁 2 为钢梁，截面尺寸 $h = 20$ mm，$b = 30$ mm，$c = 150$ mm。在梁跨中截面位置处，沿叠梁轴线方向从上至下对称粘贴 8 个应变片，3 号片和 6 号片在各叠梁的中心位置，如图所示。已知：铝梁和钢梁的弹性模量分别为 $E_1 = 72$ GPa，$E_2 = 210$ GPa。用材料力学知识推导该叠梁的正应力计算公式；并计算出当 $P_1 = 1$ kN 时沿梁横截面高度的正应力分布的理论值。如采用 1/4 桥且使用公共补偿，请根据理论公式推测各个应变片应变读数的大小排序。测试结果如与理论值不符，请分析产生误差的原因。

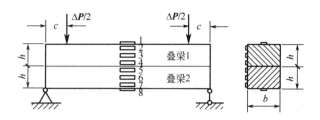

12. 叠梁弯曲正应力的大小是否会受材料弹性模量 E 的影响？为什么？

13. 叠梁弯曲正应力实验中未考虑梁的自重，是否会引起测量误差？为什么？

14. 工字梁主应力实验中，影响实验结果准确性的主要因素是什么？

15. 工字梁主应力实验中，梁的自重对测试结果有无影响，为什么？

5.5　基本实验综合题

1. 知低碳钢材料的屈服极限为 σ_s，在轴向拉力 F 作用下，横截面上的正应力为 σ，且 $\sigma > \sigma_s$，轴向线应变为 ε_1；在拉力 F 全部卸载后，轴向线应变为 ε_2。请问这种材料的弹性模量 E 多大？

2. 用标距 50 mm 和 100 mm 的两种拉伸试样，测得低碳钢的屈服极限分别为 σ_{s1}、σ_{s2}，伸长率分别为 δ_5 和 δ_{10}。比较两试样的结果，则有以下结论，其中正确的是哪一个？

A. $\sigma_{s1} < \sigma_{s2}$，$\delta_5 > \delta_{10}$ 　　　　B. $\sigma_{s1} < \sigma_{s2}$，$\delta_5 = \delta_{10}$

C. $\sigma_{s1} = \sigma_{s2}$，$\delta_5 > \delta_{10}$ 　　　　D. $\sigma_{s1} = \sigma_{s2}$，$\delta_5 = \delta_{10}$

3. 一枚应变片($R = 120\ \Omega$，$K = 2.00$)粘贴于轴向拉伸试样表面，应变片轴线与试样轴线平行。试样材料为碳钢，弹性模量 $E = 2.1 \times 10^{11}\ \text{N/m}^2$。（1）若加载到应力 $\sigma = 3000 \times 10^5\ \text{N/m}^2$，应变片的阻值变化多少？（2）若将应变片粘贴于可产生较大弹性变形的试样，当应变从零增加到 5×10^{-3}，应变片阻值变化多少？

4. 通过杆件拉伸实验测定材料的弹性模量时，已知测力的误差为 2%，卡尺的误差为 0.5%，引伸仪的为 0.01，你怎样来估算 E 的最大可能相对误差？

5. 图示轴向受拉杆件，已知材料弹性模量 E、泊松比 μ、横截面面积 A。若用电阻应变仪测得杆件表面任一点处两个互成 $90°$ 方向的应变分别为 ε_a、ε_b，试给出拉力 F 与应变 ε_a、ε_b 间的关系。

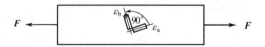

6. 如图一受 P 力作用试样，其上粘贴有两片应变片 R_1、R_2，无补偿应变片，已知泊松比 μ，欲测轴力引起的应变 ε_P，应如何组桥？写出 ε_P 与读数应变 ε_{ds} 的关系式。

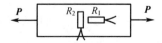

7. 图示矩形截面钢拉伸试样在轴向拉力达到 $F = 20\ \text{kN}$ 时，测得试样中段 B 点处与其轴线成 $30°$ 方向的线应变为 $\varepsilon_{30°} = 3.25 \times 10^{-4}$。已知材料的弹性模量 $E = 200\ \text{GPa}$，试求泊松比 μ。

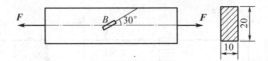

8. 在二向应力状态下，设已知最大切应变 $\gamma_{max} = 5 \times 10^{-4}$，并已知两个相互垂直方向的正应力之和为 27.5 MPa，材料的弹性模量 $E = 200$ GPa，$\mu = 0.25$，试计算主应力的大小。

9. 在某单向应力状态中，测量应力的标准误差为 1%，测量应变的标准误差为 3%，则由此算得的弹性模量的标准误差有多大？

10. 在电桥中，R_1 与 R_2 为应变片（120 Ω，$K = 2$），若与 R_2 并联一个 500000 Ω 的电阻，则相当于多大的应变？

11. 拉伸试样如图所示，已知横截面上的正应力 σ、材料的 E 和 μ。试求与轴线成 45° 方向和 135° 方向上的应变 $\varepsilon_{45°}$、$\varepsilon_{135°}$。

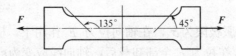

12. 如图，测量某材料的断后伸长率时，在标距 $L_0 = 100$ mm 的工作段内每 10 mm 刻一条线，试样受轴向拉伸拉断后，原刻线间距离分别为 10.1 mm、10.3 mm、10.5 mm、11.0 mm、11.8 mm、13.4 mm、15.0 mm、16.7 mm、14.9 mm、13.5 mm，则该材料的断后伸长率为_____。

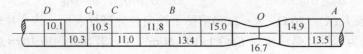

13. 测力传感器的圆筒表面沿径向和轴向分别贴有 8 枚应变片，接成全桥如图所示，则力 F 与应变读数 ε_{ds} 之间的关系为_____。

A. $F = \dfrac{EA}{2(1-\mu)} \varepsilon_{ds}$ B. $F = \dfrac{EA}{2(1+\mu)} \varepsilon_{ds}$ C. $F = \dfrac{EA}{4(1-\mu)} \varepsilon_{ds}$ D. $F = \dfrac{EA}{4(1+\mu)} \varepsilon_{ds}$

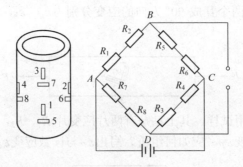

14. 低碳钢 Q235 的屈服极限 $\sigma_s = 235$ MPa。当拉伸应力达到 $\sigma = 320$ MPa 时，测得试样的应变为 $\varepsilon = 3.6 \times 10^{-3}$。然后卸载至应力 $\sigma = 260$ MPa，此时测得试样的应变为 $\varepsilon = 3.3 \times 10^{-3}$。试求：（1）试样材料的弹性模量 E；（2）以上两种情形下试样的弹性应变 ε_e 和塑性应变 ε_p。

15. 在受扭圆轴表面上一点 K 处的线应变值为：$\varepsilon_\alpha = 375 \times 10^{-6}$，$\varepsilon_v = 500 \times 10^{-6}$。若已知 $E = 200\,\text{GPa}$，$\mu = 0.25$，直径 $D = 100\,\text{mm}$，试求作用于轴上的外力偶矩 M_e。

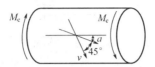

16. 如图所示，一外径 $D = 50\,\text{mm}$、内径 $d = 30\,\text{mm}$ 的空心钢轴，在扭转力偶矩 $M_e = 1600\,\text{N} \cdot \text{m}$ 的作用下，测得相距 l 为 $200\,\text{mm}$ 的 A、B 两截面间的相对转角 $\varphi = 0.4°$，已知钢的弹性模量 $E = 210\,\text{GPa}$。试求材料泊松比 μ。

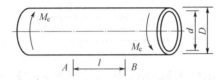

17. 直径 $d = 50\,\text{mm}$ 的等直圆杆，在自由端承受一外力偶矩 $M_e = 1.2\,\text{kN} \cdot \text{m}$ 时，圆杆表面上的 B 点移动到了 B' 点，如图所示。已知 $\Delta s = BB' = 6.3\,\text{mm}$，材料的弹性模量 $E = 200\,\text{GPa}$。试求钢材的弹性常数 G 和 μ。

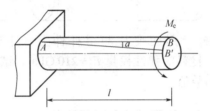

18. 受纯弯的矩形梁，$b \times h = 30\,\text{mm} \times 50\,\text{mm}$，实验装置如图所示，已知梁的 $E = 200\,\text{GPa}$，$a = 50\,\text{mm}$，在 $y = 5\,\text{mm}$ 处沿轴向贴有灵敏系数 $K_g = 2.15$ 的应变片，应变仪灵敏系数盘刻度为 2.00，半桥接线后测得应变仪的读数应变 $\varepsilon_e = -430 \times 10^{-6}$，求此时所加的载荷 P。

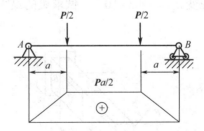

19. 图示一由 No.16 工字钢制成的简支梁承受集中载荷 F。在梁的 c-c 截面处下边缘上，用标距 $s = 20\,\text{mm}$ 的应变仪量得其纵向伸长量 $\Delta s = 0.008\,\text{mm}$。已知梁的跨长 $l = 1.5\,\text{m}$，$a = 1\,\text{m}$，弹性模量 $E = 210\,\text{GPa}$。试求力 F 的大小。

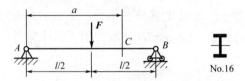

No.16

20．图示钢制圆轴受弯矩 M 和扭矩 T 作用，圆轴直径 $d=1.83$ cm，实验测得轴表面最低处 A 点沿轴线方向的线应变 $\varepsilon_x = 5 \times 10^{-4}$，在水平直径表面上的 B 点沿与圆轴轴线成 45° 方向的线应变 $\varepsilon_{x'} = 4.5 \times 10^{-4}$，$\varepsilon_{y'} = 4.5 \times 10^{-4}$，已知钢的弹性模量 $E = 200$ GPa，泊松比 $\mu = 0.25$，许用应力 $[\sigma] = 180$ MPa。（1）求弯矩 M 和扭矩 T；（2）按第三强度理论校核轴的强度。

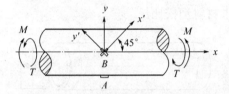

21．图示直径 $d = 200$ mm 的钢质圆轴受轴向拉力 F 和扭转外力偶矩 M_e 的联合作用，钢的弹性模量 $E = 200$ GPa。泊松比 $\mu = 0.28$，且 $F = 251$ kN，现由电测法测得圆轴表面上与母线成 45° 方向的线应变为 $\varepsilon_{45°} = -2.24 \times 10^{-4}$，试求圆轴所传递的外力偶矩 M_e 的大小。

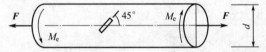

22．图示矩形截面钢杆，用应变片测得杆件上、下表面的轴向正应力分别为 $\varepsilon_a = 1 \times 10^{-3}$、$\varepsilon_b = 0.4 \times 10^{-3}$，材料的弹性模量 $E = 210$ GPa。试绘制横截面上的正应力分布图；求拉力 F 及其偏心距 δ 的数值。

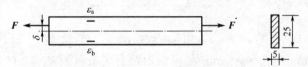

23．图示矩形截面悬臂梁，其截面尺寸 $b = 30$ mm，$h = 60$ mm。已知 $\beta = 30°$，$l_1 = 400$ mm，$l = 600$ mm，材料的弹性模量 $E = 200$ GPa；今测得梁的上表面距左侧面为 $e = 5$ mm 的 A 点处的纵向线应变 $\varepsilon_{xA} = -4.3 \times 10^{-4}$，试求梁的最大正应力。

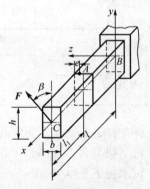

24．图示圆截面杆受横向力 F 和扭矩 M_e 联合作用。今测得 A 点轴向应变 $\varepsilon_0 = 4 \times 10^{-4}$，

和 B 点与母线成 $45°$ 方向应变 $\varepsilon_{45°} = 3.75 \times 10^{-4}$。已知杆的抗弯截面模量 $W = 6 \times 10^3 \text{ mm}^3$，$E = 200 \text{ GPa}$，$[\sigma] = 150 \text{ MPa}$，$\mu = 0.2$。试用第三强度理论校核该杆的强度。

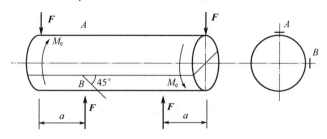

5.6　综合实验综合题

1. 用应变花测出 $\varepsilon_1 = 280 \times 10^{-6}$，$\varepsilon_2 = -30 \times 10^{-6}$，$\varepsilon_4 = 110 \times 10^{-6}$。求：（1）$\varepsilon_3$ 的值；（2）该平面内最大、最小线应变和最大切应变。

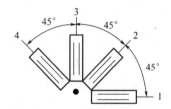

2. 已知 $\varepsilon_x = -360 \times 10^{-6}$，$\varepsilon_y = 0$，$\gamma_{xy} = 150 \times 10^{-6} \text{ rad}$，求坐标轴 x、y 绕 z 轴转过 $\theta = -30°$ 时，新的应变分量 $\varepsilon_{x'}$，$\varepsilon_{y'}$，$\gamma_{x'y'}$。

3. $45°$ 应变花粘贴方位如图所示，测得应变 $\varepsilon_{0°} = -1 \times 10^{-6}$，$\varepsilon_{45°} = 58 \times 10^{-6}$，$\varepsilon_{90°} = 265 \times 10^{-6}$。试求主应变及主方向角 α_{01}、α_{02}。

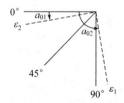

4. 矩形截面的简支梁受到集中力 F 作用，如图所示。已知梁截面的高度为 h，宽度为 b，跨度为 l。材料的弹性模量为 E，泊松比为 μ。若测得梁 AC 段的中性层上点 K 处与轴线成 $45°$ 方向上的线应变为 ε，试求梁上的集中力 F。

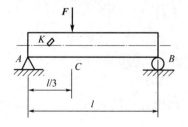

5. 一悬臂梁如图所示，要求测量应力的误差不大于 2 %，问各被测量 P、l、b、h 允许多大误差？

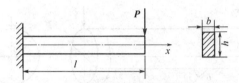

6. 图示圆截面简支梁，仅受自重（集度为 q 的均布载荷）作用。已知梁长为 l，横截面直径为 d。试用应变电测法确定梁端部截面 B 转角。

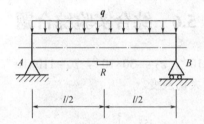

7. 有一轴向拉伸板条试样，其截面积为 A，泊松比为 μ，在试样中段的两侧，沿纵向、横向分别各粘贴一枚电阻应变片（R_1、R_2、R_3、R_4）并有温度补偿片 R_5、R_6 两个。请用电测法测量材料弹性模量 E，要求组桥能自动消除偏心受载的影响且提高测量灵敏度。请设计几种组桥方案。(画出电桥接线图、写出应变仪读数 ε 和 E 的表达式) 。

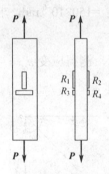

8. 一圆轴受扭矩 M_T 作用，为测定轴表面 A 点处的主应变 ε_1 和 ε_2，沿与轴线成 $45°$ 方向各贴一应变片 R_1 和 R_2，如图所示。已知应变片横向效应系数 $H = 1.2$ %，其灵敏系数是在 $\mu_0 = 0.285$ 的标定梁上测定的，试计算应变片的横向效应给应变测量带来的相对误差。

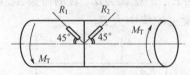

9. 有一受扭空心钢轴如图所示，在其表面一点与母线成 $45°$ 方向上贴一枚应变片，用电阻应变仪测得其正应变为 $\varepsilon_{45°} = 300 \times 10^{-6}$，已知该轴外径 $D = 100$ mm，内径 $d = 60$ mm，材料 $E = 210\,\mathrm{GPa}$，$\mu = 0.28$，试画出 A 点的应力状态，并求此时轴端外力偶矩 M_T 的大小。

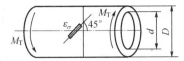

10. 采用两枚相同的应变片测定如图所示圆轴的扭转切应力。

11. 纯弯曲梁的正应力公式 $\sigma = \dfrac{My}{I}$ 可用于计算横力弯曲梁的正应力。实验验证时，布置 3 枚应变片 R_1、R_2 和 R_3，如图所示，在力 F 作用下测得应变 ε，再用胡克定律 $\sigma = E\varepsilon$ 计算测量应力，然后与理论公式 $\sigma = \dfrac{My}{I}$ 的计算结果作比较。实验中未考虑切应力对测量结果的影响，试问这种验证是否合适？

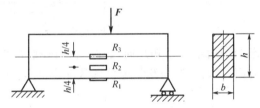

12. 如图沿梁横截面高度粘贴 5 枚电阻应变片，编号如图，测得其中 3 枚应变片的应变读数分别为 80×10^{-6}、38×10^{-6} 和 -2×10^{-6}，试写出所对应的应变片编号。

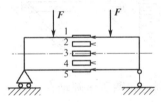

13. 在图示受 P 力作用的悬臂梁某截面的上、下表面各粘贴两片应变片 1、4 和 2、3。受力后的弯曲应变为 ε_M，按图示 a)、b) 组桥方式，分别写出 ε_M 与读数应变 ε_d 的关系式。（R 均为仪器内部电阻）

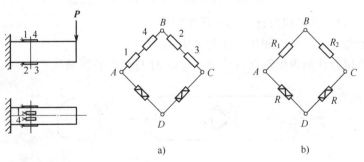

a)　　　　　　　　b)

14. 图示矩形截面钢梁，横截面宽 $b = 40\ \text{mm}$，高 $h = 90\ \text{mm}$，梁长 $l = 2\ \text{m}$，弹性模量 $E = 200\ \text{GPa}$，泊松比 $\mu = 0.3$。在截面 $m-n$ 的中性层上、与中性层成 45° 方向粘贴一枚应变片 R_3，用半桥外补偿法测得应变 $\varepsilon_{R_3} = 54 \times 10^{-6}$。试求截面 $m-n$ 上的剪力。

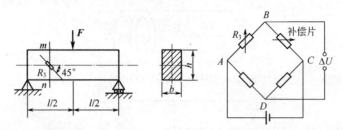

15. 图示梁的载荷 P 可在梁上移动，千分表的位置则固定不动，证明由此测得千分表示值的变化规律即代表该梁在某种载荷下的挠曲线。

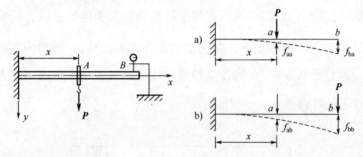

16. 拐臂结构受力状态如图所示，已知几何尺寸、材料弹性常数，欲测 P_z，请在图中画出应变片粘贴位置，组桥方案，写出 P_z 与测量电桥读数应变 ε_{ds} 之间的关系式。

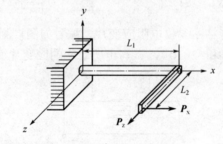

17. 采用 4 枚相同的应变片测定如图所示圆轴在拉伸、弯曲和扭转变形的扭转切应力。

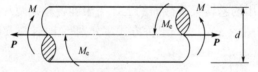

18. 电阻应变式圆柱形扭力计，其原理如图所示。

（1）绘出桥路接线，写出测量应变与扭矩 M_e 的关系。

（2）分析该扭力计是否受轴向载荷 P、弯矩 M 与温度的影响。

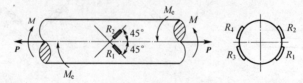

19. 选择一种贴片方案，采用不同的接桥方法分别测量指定截面的内力分量，试求各内力分量与应变读数的关系式。

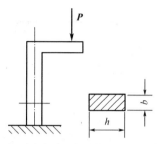

20．图示受载梁的上、下表面沿轴向各贴一相同地应变片 R_1 和 R_2，用半桥如何区分弯曲应变和压缩应变，绘出桥路接线图，写出测量应变与读数应变 ε_{ds} 的关系式。

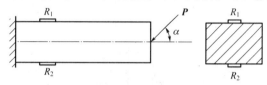

21．一悬臂梁受力状态如图所示，梁抗弯截面模量 W、横截面面积 S、弹性常数均已知，若用电测法测定轴向力 F 和横向力 F_1，请在图中画出布片位置和组桥方案，并分别写出力 F、F_1 与电桥读数应变 ε_d 的关系。

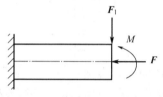

22．图示直角刚架，截面为正方形，边长为 a，在 C、B 处分别受到铅垂力 F_1 和水平力 F_2。设材料弹性模量为 E，泊松比为 μ。欲用电测法测出 F_2，试设计一种测试方案，并给出 F_2 与读数应变 ε_r 之间的关系式。

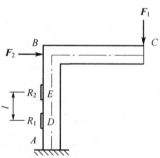

23．一矩形截面杆件，横截面面积为 A，受一偏心拉力 P，偏心距为 e。试设计偏心拉杆的应变测量、内力的分离方案，并给出计算表达式。

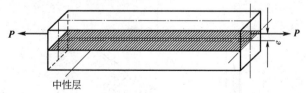

24．受偏心拉伸的矩形截面杆，如图所示。已知材料的弹性模量 E 和泊松比 μ，截面宽度为 b、高为 h。要求用电测法测出拉力 F 和偏心距 e，设计布片方式和接桥方案。

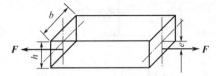

25．边长为 $2a$ 的方形立柱，一侧开一深为 a 的槽，在上端部受一均布线荷载，其合力大小 P 未知，该荷载离中心线有一偏心距 e，如图所示。立柱在开槽部位左、右面中线沿轴向各粘贴一枚应变片，已知材料的弹性常数 E、μ，还有温度补偿片若干，试通过应变片的布置和合理设计接桥方法，写出几种方案下应变仪读数 ε_{ds} 与合力 P 及偏心距 e 的关系式。

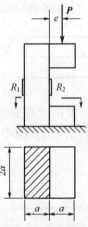

26．图示矩形截面刚架，横截面面积为 A，材料弹性模量为 E，泊松比为 μ。载荷 F 在 CD 杆段范围内移动。欲用电测法测出 F，试设计一种测试方案，并给出 F 与读数应变 ε_{ds} 之间的关系式。

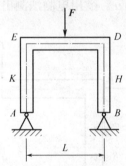

27．图示直角刚架，截面为正方形，边长为 a，在 C、B 处分别受到铅垂力 F_1 和水平力 F_2。设材料弹性模量为 E，泊松比为 μ。欲用电测法测出 F_2，试设计一种测试方案，并给出 F_2 与读数应变 ε_{ds} 之间的关系式。

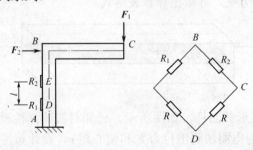

28. 首届江苏省大学生材料力学实验竞赛决赛综合实验竞赛题目

电测综合实验竞赛在组委会所提供的实验装置上进行。各队按试题内容设计实验方案、贴片、接桥、测试、对实验数据进行计算和分析、完成实验报告。

参赛选手采用组委会提供的应变片、导线、丙酮、实验报告纸和草稿纸；自带胶水、烙铁、焊锡、小工具、笔、不含编程和记忆功能的袖珍计算器。

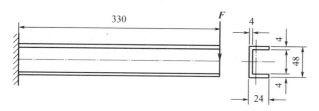

题一： 在距固定端 150mm 的 K 截面处布片，由电测法确定：

（1）截面剪心（即弯曲中心）的位置 ε_C；

（2）载荷作用于剪心时，K 截面上、下翼缘外表面中点和腹板外侧面中点的弯曲切应力；

（3）测定载荷作用于剪心时，K 截面的上、下翼缘外表面中点和腹板外侧面中点的弯曲正应力；

（4）利用所测实验数据计算抗弯截面系数 Ω_C；

（5）测定载荷作用于腹板中线时，K 截面上、下翼缘外表面中点和腹板外侧面中点的扭转切应力。

题二： 自行设计布片与实验方案。由实验数据说明圣维南原理，并研究本实验装置的固定端约束对弯曲正应力的局部影响范围。

说明： ① 载荷大小由参赛选手自定，以利于提高精度和保证装置不失效为原则。铝合金屈服极限 $\sigma_s = 270$ MPa，取安全系数 $n = 2$；

② 槽形截面尺寸为 48 mm×24 mm×4 mm；槽形截面梁长度为 300 mm，加载点至梁根部的距离为 330 mm。

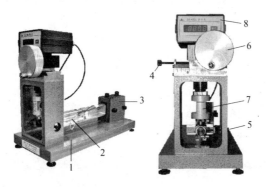

槽型截面悬臂梁弯曲实验装置图

基本训练答案

5.1 基本实验预习思考题

略。

5.2 基本实验和选做实验的复习问答题

略。

5.3 基本实验概念题

1. 略。2. 略。3. 屈服性能指标（σ_s、σ_{sl}、σ_{su}）；塑性性能指标（δ、ψ）。4. 大。5. 略。6. 略。7. A。
8. B。9. 单向应力；相对变化$\Delta R/R$。10. 略。11. 略。12. 略。13. C。14. B。15. B。

5.4 综合实验概念题

1. 略。2. D。3. $\varepsilon = K_{仪}\varepsilon_{仪}/K_{片}=426\times10^{-6}$。4. 略。5. B。6. 略。7. 略。8. 略。9. B、C。10. 略。
11. 略。12. 略。13. 略。14. 略。15. 略。

5.5 基本实验综合题

1. $E=\sigma/(\varepsilon_1-\varepsilon_2)$。

2. C。

3. （1）$\Delta R = KR\dfrac{\sigma}{E}=0.343\,\Omega a$；

    （2）$\Delta R = KR\varepsilon \approx 1.2\,\Omega$。

4. 由 $E=\dfrac{Pl}{A\Delta l}$ 和误差计算公式可知，$\delta E = \delta P + \delta l + \delta A + \delta\Delta l = \pm0.02\pm3\times0.005\pm0.01=\pm0.045$。

5. $F=\dfrac{\varepsilon_a+\varepsilon_b}{(1-\mu)}AE$。

6. $\varepsilon_P=\dfrac{\varepsilon_{ds}}{1+\mu}$。

7. $\mu=0.27$。

8. $\sigma_1=53.75\,\mathrm{MPa}, \sigma_2=0, \sigma_3=-26.25\,\mathrm{MPa}$。

9. $e=\sqrt{e_\sigma^2+e_\varepsilon^2}=\sqrt{0.01^2+0.03^2}=3.16\%$。

10. $\varepsilon=\dfrac{1}{KR}\dfrac{\Delta R}{}=\dfrac{0.0288}{2\times120}=0.00012$。

11. $\varepsilon_{45°}=\dfrac{\sigma}{2E}(1-\mu)$；$\varepsilon_{135°}=\dfrac{\sigma}{2E}(1-\mu)$。

12. $\delta=\dfrac{129.6-100}{100}\times100\%=29.6\%$。

13. B。

14. （1）$E=\dfrac{\Delta\sigma}{\Delta\varepsilon}=\dfrac{60\,\mathrm{MPa}}{0.3\times10^{-3}}=200\,\mathrm{GPa}$

（2）当拉伸应力达到 $\sigma = 320\,\text{MPa}$ 时 $\varepsilon_e = \dfrac{\sigma}{E} = 1.6 \times 10^{-3}$ ， $\varepsilon_p = \varepsilon - \varepsilon_e = 2 \times 10^{-3}$ 卸载至应力

$\sigma = 260\,\text{MPa}$ 时 $\varepsilon_p = 2 \times 10^{-3}$ ， $\varepsilon_e = \varepsilon - \varepsilon_p = 1.3 \times 10^{-3}$ 。

15. $M_e = \tau_x W_t = 19.6\,\text{kN} \cdot \text{m}$ 。

16. $\mu = 0.224$ 。

17. $G = 77.6\,\text{GPa}$ ， $\mu = 0.289$ 。

18. 布片方案与电桥方案图略， $\varepsilon_g = \dfrac{K_e}{K_g}\varepsilon_e = \dfrac{2.00}{2.15} \times (-430 \times 10^{-6})$ ， $P = -\dfrac{2IE}{ay}\varepsilon_g = 200\,\text{kN}$ 。

19. $F = 47.4\,\text{kN}$ 。

20. $\sigma_{r3} = 175.3\,\text{MPa} < [\sigma]$ 满足强度要求。

21. $M_e = 58.5\,\text{kN} \cdot \text{m}$ 。

22. $P = 18.38\,\text{kN}$ ， $\delta = 1.785\,\text{mm}$ 。

23. $\sigma_{\max} = 153\,\text{Mpa}$ 。

24. $M_e = 720\,\text{N} \cdot \text{m}$ ， $\sigma_{r3} = 144\,\text{MPa} < [\sigma]$ 。

5.6 综合实验综合题

1. $\varepsilon_3 = -200 \times 10^{-6}$ ， $\varepsilon_{\max} = 290 \times 10^{-6}$ ， $\varepsilon_{\min} = -210 \times 10^{-6}$ ， $\gamma_{\max} = 500 \times 10^{-6}\,\text{rad}$ 。

2. $\varepsilon_{x'} = \varepsilon_x \cos^2\varphi + \varepsilon_y \sin^2\varphi + \gamma_{xy}\cos\varphi\sin\varphi$ ， $\varepsilon_{y'} = \varepsilon_x\sin^2\varphi + \varepsilon_y\cos^2\varphi - \gamma_{xy}\sin\varphi\cos\varphi$ ， $\varepsilon_{z'} = 0$ ， $\gamma_{x'y'} = (\varepsilon_y - \varepsilon_x)\sin 2\varphi + \gamma_{xy}\cos 2\varphi$ ， $\gamma_{y'z'} = 0$ ， $\gamma_{z'x'} = 0$ 。

3. $\varepsilon_1 = \dfrac{\varepsilon_{0°} + \varepsilon_{90°}}{2} + \dfrac{\sqrt{2}}{2}\sqrt{(\varepsilon_{0°} - \varepsilon_{45°})^2 + (\varepsilon_{45°} - \varepsilon_{90°})^2} = 279 \times 10^{-6}$ ，

$\varepsilon_1 = \dfrac{\varepsilon_{0°} + \varepsilon_{90°}}{2} - \dfrac{\sqrt{2}}{2}\sqrt{(\varepsilon_{0°} - \varepsilon_{45°})^2 + (\varepsilon_{45°} - \varepsilon_{90°})^2} = -32 \times 10^{-6}$ 。

由 $\tan 2\alpha_0 = \dfrac{2\varepsilon_{45°} - \varepsilon_{0°} - \varepsilon_{90°}}{\varepsilon_{0°} - \varepsilon_{90°}} = 0.463$ ，得主方向角 $\alpha_{01} = 12.4°$ ， $\alpha_{02} = 102.4°$ 。

4. $-\dfrac{Ebh}{1+\mu}\varepsilon$ 。

5. $S_P = \dfrac{S_\sigma}{\sqrt{r}\dfrac{\partial y}{\partial P}} = \dfrac{\pm 0.02\sigma_x}{2\dfrac{\sigma_x}{P}} = \pm 0.01P$ ； $S_l = \dfrac{S_\sigma}{\sqrt{r}\dfrac{\partial y}{\partial l}} = \dfrac{\pm 0.02\sigma_x}{2\dfrac{\sigma_x}{l}} = \pm 0.01l$ ；

$S_b = \dfrac{S_\sigma}{\sqrt{r}\dfrac{\partial y}{\partial b}} = \dfrac{\pm 0.02\sigma_x}{2\left(-\dfrac{\sigma_x}{b}\right)} = \pm 0.01b$ ； $S_h = \dfrac{S_\sigma}{\sqrt{r}\dfrac{\partial y}{\partial h}} = \dfrac{\pm 0.02\sigma_x}{2\left(-2\dfrac{\sigma_x}{h}\right)} = \pm 0.005b$ 。

6. $\theta_B = \dfrac{2l\varepsilon}{3d}$ 。

7. ① 将 R_1、R_2 串联接入 AB 桥臂，R_3、R_4 串联接入 BC 桥臂组成半桥： $E = P(1+\mu)/(A\varepsilon_{ds})$ ；
② 将 R_1、R_3、R_2、R_4 依次接入 AB、BC、CD、DA 桥臂组成全桥： $E = 2P(1+\mu)/(A\varepsilon_{ds})$ 。

8. 由相对误差计算公式： $e = \dfrac{(a+\mu_0)H}{1-\mu_0 H} = -0.86\%$ ，其中， $a = \dfrac{\varepsilon_B}{\varepsilon_L}$ 。由于题中是纯扭状态，故取 $a = -1$ 。
又采用半桥电路测量，故相对误差为： $e_0 = 2e = -1.72\%$ 。

9. $M_T = \tau W_t = \dfrac{E\varepsilon_{4s}}{1+\mu}W_t = 8.4 \text{ kN} \cdot \text{m}$。

10. 布片方案与电桥方案图略，$\tau = \dfrac{E}{1+\mu}\varepsilon_N = 2G\varepsilon_N = G\varepsilon_{ds}$。

11. 略。

12. 应变片编号为（5、4、3）。

13. a、b 均为 $\varepsilon_M = \dfrac{1}{2}\varepsilon_{ds}$。

14. 剪力 $F_s = \dfrac{2\varepsilon_R Ebh}{3(1+\nu)} = 19.94 \text{ kN}$。

15. 略。

16. 布片方案与电桥方案图略，$P_z = \dfrac{WE}{L}\varepsilon_{ds}$。

17. 布片方案与电桥方案图略。$\varepsilon_1 = \varepsilon_P + \varepsilon_M + \varepsilon_N + \varepsilon_t$；$\varepsilon_1 = \varepsilon_P - \varepsilon_M - \varepsilon_N + \varepsilon_t$，$\varepsilon_3 = \varepsilon_P + \varepsilon_M - \varepsilon_N + \varepsilon_t$，

$\varepsilon_1 = \varepsilon_P - \varepsilon_M + \varepsilon_N + \varepsilon_t$，$\varepsilon_{ds} = \varepsilon_1 - \varepsilon_2 - \varepsilon_3 + \varepsilon_4 = 4\varepsilon_N \Rightarrow \varepsilon_N = \varepsilon_{ds}/4$，$\tau = \dfrac{E}{1+\mu}\varepsilon_N = 2G\varepsilon_N = G\varepsilon_{ds}/2$。

18. 布片方案与电桥方案图略，$\tau = 1/2 \, G\varepsilon_{ds} = T/W_P$。

19. 布片方案与电桥方案图略，方案1：$\varepsilon_N = -\dfrac{\sigma_N}{E} = -\dfrac{N}{bhE} \Rightarrow N = \dfrac{bhE}{2(1+\mu)}\varepsilon_{ds}$；

方案2：$M = \dfrac{bh^2}{12}E\varepsilon_{ds}$。

20. （1）采用半桥温度自补：$\varepsilon_{ds} = \varepsilon_1 - \varepsilon_2 = 2\varepsilon_M$，$\varepsilon_M = \dfrac{\varepsilon_{ds}}{2}$（消压）；

（2）采用温度另补：$\varepsilon_{ds} = \varepsilon_1 + \varepsilon_2 - (\varepsilon_t + \varepsilon_t) = -2\varepsilon_N$，$\varepsilon_N = -\dfrac{\varepsilon_{ds}}{2}$（消弯）。

21. 布片方案与电桥方案图略，测定 F_1：$F_1 = \dfrac{WE}{L}\varepsilon_d$；测定 F：方案（1）$F = -\dfrac{SE}{2}\varepsilon_{ds}$；

方案（2）$F = -\dfrac{SE}{2(1+\mu)}\varepsilon_{ds}$。

22. 布片方案与电桥方案图略，$F_2 = \dfrac{WE}{l}\varepsilon_r = \dfrac{Ea^3}{6l}\varepsilon_r$。

23. 布片方案与电桥方案图略 $\sigma_{max} = E\varepsilon_{max}$；$M_A = W\sigma_{max} = WE\varepsilon_{max}$；$\sigma_P = E\varepsilon_P$；$N = AE\varepsilon_P$。

24. 布片方案与电桥方案图略，$F = \sigma A = E\varepsilon_F A = \dfrac{bhE}{2(1+\mu)}\bar{\varepsilon}$；$e = \dfrac{M}{F} = \dfrac{h\bar{\varepsilon}}{6\varepsilon}$。

25. 布片方案一图略：$P = 2a^2 E\varepsilon_P = a^2 E(\varepsilon_{d1} + \varepsilon_{d2})$；$M = P\left(e + \dfrac{a}{2}\right) = \dfrac{1}{3}a^3 E\varepsilon_M$；

$e = \dfrac{a\varepsilon_M}{6\varepsilon_P} - \dfrac{a}{2} = \dfrac{a}{2}\left[\dfrac{\varepsilon_{d1} - \varepsilon_{d2}}{3(\varepsilon_{d1} + \varepsilon_{d2})} - 1\right]$。方案二图略：$P = 2a^2 E\varepsilon_P = a^2 E\varepsilon_{d1}$；$e = \dfrac{a\varepsilon_M}{6\varepsilon_P} - \dfrac{a}{2} = \dfrac{a}{2}\left(\dfrac{\varepsilon_{d2}}{3\varepsilon_{d1}} - 1\right)$。

26. 布片方案与电桥方案图略，$F = -\varepsilon_r AE$。

27. 布片方案与电桥方案图略，$F_2 = \dfrac{WE}{l}\varepsilon_r = \dfrac{Ea^3}{6l}\varepsilon_r$。

28. 首届江苏省大学生材料力学实验竞赛决赛综合实验竞赛（略）。

附　　录

附录 I　误差理论及实验数据处理

本节分别讨论实验分析过程中的量测误差、计算误差及误差处理。

在实验分析过程中一切度量都只能近似地进行，所以量得的值都是近似值，它与"真值"（真值或称为最可能值或最理想值）之间的差别即称为误差。在通常的工程技术或实验中，误差是用常识或经验来解决的，但是在较复杂的情况下这种做法就会影响实验的精确度，甚至会导致错误的理论。误差理论就是研究正确处理误差，以最好地（最近似地）反映客观"真值"（最可能值或最理想值）的一般理论。

1. 量测误差

对于同一量进行多次测量，其每一次的测量结果必然不尽相同，量测误差就是每次测量值与真值之间的差别。造成误差的原因很多，其中一种是实验操作错误或粗心大意而引起的。例如，将刻度盘上的读数读错，单位搞错，等等。这种错误只要认真仔细地进行实验就会避免。这里不研究这些误差。除此之外，还有一些误差是难以避免的，必须研究这些误差的原因，并进行正确处理。

实验误差一般可分为两类：系统误差；偶然误差。

系统误差通常是同一符号的而且常是同一数量级，它是由某些确定因素所引起的，如试验机构之间的摩擦、载荷偏心、试验机测力系统未经校准以及实验条件改变等，这些误差是可以设法减小或排除掉的，如对试验机和应变仪等定期校准和检验。又如单向拉伸时由于夹具装置等原因而引起的偏心问题，可以用试样安装双表或者两对面贴电阻应变片来减少这种误差。系统误差越小，表明测量的准确度越高，也就是接近真值的程度越好。

偶然误差是由一些偶然因素所引起的，它的出现常常包含很多未知因素在内。无论怎样控制实验条件的一致，也不可避免偶然误差的产生，如对同一试样的尺寸多次量测其结果的分散性即起源于偶然误差。偶然误差小，表明测量的精度高，也就是数据再现性好。

实验表明，在反复多次的观测中，偶然误差具有以下特性：

1）绝对值相等的正误差和负误差出现的机会大体相同。

2）绝对值小的误差出现的可能性大，而绝对值大的误差出现的可能性小。

3）随着测量次数的增加，偶然误差的平均值趋向于零。

4）偶然误差的平均值不超过某一限度。

根据以上特性，可以假定偶然误差 Δ 遵循母体平均值为零的高斯正态分布，如图 I-1 所示。

$$f(\Delta) = \frac{1}{\sigma\sqrt{2\pi}} e^{-\frac{\Delta^2}{2\sigma^2}}$$

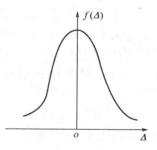

图 I-1　偶然误差的正态频率曲线

2. 计算误差

在运算过程中的各种数值皆是近似的，因此运算所得的结果必然也是近似的。如果正确认识了计算过程中的计算误差问题，可以使运算大大简化而不致于造成计算工作浪费。这里只引用了一般运算中的几个基本结论。

1）作和差运算时其最大绝对值误差 $|\Delta|$ 不会超过各项最大绝对误差之和。设 $|\Delta_1|$、$|\Delta_2|$ 各为数量 M_1、M_2 的近似值 m_1、m_2 的最大绝对误差。则 $M = M_1 + M_2$ 的近似值 $m = m_1 + m_2$ 的最大绝对值误差为

$$|\Delta| \leqslant |\Delta_1| + |\Delta_2|$$

[注]：上述法则对于两个相差甚大的数在相减时是正确的。但是对两个相互十分接近的数，在相减时有效位数大大减少，上述结论就不适用。在建立运算步骤时要尽量避免两个接近相等的数进行相减。

2）如果经过多次连乘除后要达到 n 个有效位数，则参加运算的数字的有效位数至少要有 $(n+1)$ 个或 $(n+2)$ 个。例如，两个 4 位有效数的数字经过两次相乘或相除后，一般只能保证 3 位有效数。

3）如果被测的量 N 是许多独立的可以直接测量的量 $x_1, x_2, \cdots, x_n$ 的函数，则一个普遍的误差公式可表示为下列形式，即

$$N = f(x_1, x_2, \cdots, x_n)$$

N 的绝对误差 ΔN 与各量的绝对误差 $\Delta x_1, \Delta x_2, \cdots, \Delta x_n$ 有如下关系，即

$$\Delta N = \frac{\partial f}{\partial x_1}\Delta x_1 + \frac{\partial f}{\partial x_2}\Delta x_2 + \cdots + \frac{\partial f}{\partial x_n}\Delta x_n$$

相对误差为
$$E = \frac{\Delta N}{N} = \frac{\left(\dfrac{\partial f}{\partial x_1}\Delta x_1 + \dfrac{\partial f}{\partial x_2}\Delta x_2 + \cdots + \dfrac{\partial f}{\partial x_n}\Delta x_n\right)}{f(x_1, x_2, \cdots, x_n)}$$

3. 误差处理

这是指测量值的取舍问题。在测量值中有时会出现一个或少数几个与别的测量值相差甚大的值，对于这些个别测量值的处理不当将会影响实验的最终结果。从正态误差分布曲线知道，大误差出现的可能性是很小的，因而决定测量数据的取舍通常遵循下列判别准则。

（1）3 倍标准偏差准则（3σ 的准则）

当个别测量值的误差值超过标准偏差 3 倍时就应该舍弃该测量值。$\Delta_k \geqslant 3\sigma$ 时，舍弃 m_k，则出现误差大于 3σ 的测量值的概率小于 0.003，即在多于 300 次的测量中才有可能出现一次这样的误差（图 I-2），即为 3σ 的准则（即舍弃 $\Delta \geqslant 3\sigma$ 的测量值），它在处理较大量的实验数据时采用。如果采用的是 2σ 的准则（即舍弃 $\Delta \geqslant 2\sigma$ 的测量值），则误差出现大于 2σ 的概率小于 0.04。

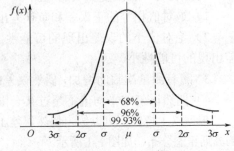

图 I-2　标准偏差准则

（2）半次准则

在 n 次的实验测量中，出现误差 Δ 的可能次数小于半次的测量值应该舍弃。在实验数据

较少时可采用此判别准则。

设出现误差小于 Δ 的概率为

$$\rho_{\Delta} = \frac{2}{\sqrt{\pi}} \int_0^{h_{\Delta}} e^{-t^2} dt$$

则出现误差大于 Δ 的量测值的概率则为 $(1 - \rho_{\Delta})$。在 n 次量测中，出现误差大于或至少等于 Δ 的量测的可能次数为半次（1/2 次）时的概率为

$$n(1 - \rho_{\Delta}) = \frac{1}{2}$$

即

$$\rho_{\Delta} = \frac{2n-1}{2n}$$

例如：

若 $n = 10$ 次，则 $\rho_{\Delta} = 95\%$，查正态概率积分表，得 $h_{\Delta} = 1.386$，以及由于 $h_{\sigma} = \sqrt{2}/2$，得 $\Delta_k = 1.96\sigma$，即当 $\Delta_k \geqslant 1.96\sigma$ 时，取消该量测值 m_k。

若 $n = 50$ 次，则 $\rho_{\Delta} = 99\%$，得 $\Delta_k = 2.58\sigma$，即当 $\Delta_k \geqslant 2.58\sigma$ 时取消该量测值 m_k。

若 $n = 100$ 次，则 $\rho_{\Delta} = 99.5\%$，得 $\Delta_k = 2.90\sigma$，即当 $\Delta_k \geqslant 2.90\sigma$ 时取消该量测值 m_k。

再例如：

设有一组（$n = 10$ 次）实验量测数据：38，31，45，28，26，30，32，33，33，33，求其最可能值及其可能误差。

最可能值

$$m = \frac{\sum\limits_{i=1}^{n} m_i}{n} = \frac{\sum\limits_{i=1}^{10} m_i}{10} = \frac{38+31+45+28+26+30+32+33+33+33}{10} = 32.9$$

误差平方和

$$\sum\limits_i^n \Delta_i^2 = (38-32.9)^2 + (31-32.9)^2 + (45-32.9)^2 + (28-32.9)^2 + (26-32.9)^2 +$$

$$(30-32.9)^2 + (32-32.9)^2 + (33-32.9)^2 + (33-32.9)^2 + (33-32.9)^2 = 256.9$$

标准偏差

$$\sigma = \sqrt{\frac{\sum\limits_i^n \Delta_i^2}{n}} = \sqrt{\frac{256.9}{10}} = 5.069$$

根据半次准则 $n = 10$ 次，$\rho_{\Delta} = 95\%$，则 $\Delta = 1.96\sigma = 1.96 \times 5.069 = 9.94$

可见，其中量测值 45 的误差 12.1 > 9.94，应该舍弃。

于是，相应的最可能值、误差平方和、标准偏差等值变为 $n = 9$ 次

$$m = \frac{\sum\limits_{i=1}^{n} m_i}{n} = \frac{\sum\limits_{i=1}^{10} m_i}{9} = 31.6 , \quad \sum\limits_i^n \Delta_i^2 = 94.24 , \quad \sigma = \sqrt{\frac{\sum\limits_i^n \Delta_i^2}{n}} = 3.24$$

$\Delta / \sigma = 1.92$，则 $\Delta = 1.92\sigma = 1.92 \times 3.24 = 6.22$。

上面的数据中仅有一个量测值 38 的误差超过此值 2.8%，因此皆为有效量测值，故其最可能值是 $m = 31.6$。

附录Ⅱ 最小二乘法

在科学实验中，常会遇到两个相关的物理量接近于直线的关系，如弹性阶段应力与应变的关系，力传感器的力与电桥输出信号间的关系等。整理这些数据时，最简单的方法是根据各实验点的数据确定近似的直线方程，即

$$y = a + bx \qquad (\text{Ⅱ-1})$$

通常称为直线拟合，最小二乘法是直线拟合的一种，此外还有端直法，平均法。下面我们具体讨论最小二乘法。

设测试的物理量为 $x_1, x_2, x_3, \cdots, x_n$。与其相对应的测试物理量为 $y_1, y_2, y_3, \cdots, y_n$。设方程式（Ⅱ-1）为各实验点的最佳拟合方程，且由式（Ⅱ-1）计算出来的与 x_i 相对应的值为 $\tilde{y}_i$。即

$$\tilde{y}_i = a + bx_i \qquad (\text{Ⅱ-2})$$

显然，$\tilde{y}_i$ 与 y_i 是不同的，两者存在 δ_i 差值，如图Ⅱ-1所示。

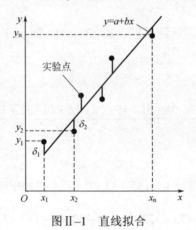

图Ⅱ-1 直线拟合

$$\delta_i = y_i - \tilde{y}_i = y_i - (a + bx_i) \qquad (i = 1, 2, 3, \cdots, n) \qquad (\text{Ⅱ-3})$$

最小二乘法指出，最佳的拟合直线是能使各测试值同直线的偏差平方和（$\sum \delta_i^2$）为最小的一条直线。根据最小二乘法原理，所谓偏差平方和最小，即

$$Q = \sum \delta_i^2 = \sum [y_i - (a + bx_i)]^2 \qquad (i = 1, 2, 3, \cdots, n) \qquad (\text{Ⅱ-4})$$

为最小，即令式（Ⅱ-4）

$$\frac{\partial Q}{\partial a} = 0, \quad \frac{\partial Q}{\partial b} = 0$$

经整理后得

$$a = \frac{\sum y_i \sum x_i^2 - \sum x_i \sum x_i y_i}{n \sum x_i^2 - (\sum x_i)^2}, \quad b = \frac{n \sum x_i y_i - \sum x_i \sum y_i}{n \sum x_i^2 - (\sum x_i)^2}$$

把以上结果代入式（Ⅱ-1），即得用最小二乘法拟合的直线方程。

例如，某一型号的钢材其长细比λ（在$40\sim100$之间）测得的临界应力σ_{cr}见表Ⅱ-1

表Ⅱ-1　钢材长细比与临界应力

长细比	40	59	81	91	100
σ_{cr}	275	248	218	192	190

根据各实验点的数据确定近似的直线方程$y=a+bx$，即$\sigma_{cr}=a+b\lambda$

由

$$a=\frac{\sum y_i \sum x_i^2 - \sum x_i \sum x_i y_i}{n\sum x_i^2 - (\sum x_i)^2}=335，\quad b=\frac{n\sum x_i y_i - \sum x_i \sum y_i}{n\sum x_i^2 - (\sum x_i)^2}=-1.488$$

得到经验公式

$$\sigma_{cr}=335-1.488\lambda$$

附录Ⅲ　几种常用材料的主要力学性能（等）

表Ⅲ-1　几种常用材料的主要力学性能

材料名称	牌号	σ_s/MPa	σ_b/MPa	E/GPa	G/GPa	μ
钢	Q235	$216\sim235$	$373\sim461$	$186\sim216$	$76\sim81$	$0.25\sim0.33$
	40Cr	785	981	$186\sim216$	$76\sim81$	$0.25\sim0.33$
	16Mn	$274\sim343$	$471\sim510$	$186\sim216$	$76\sim81$	$0.25\sim0.33$
铝合金	2A02	274	412	71	26.5	0.33
	7A04	412	490	71	26.5	0.33
铜合金	锡青铜（软）	$130\sim245$	$300\sim400$	$103\sim113$	$39\sim42$	$0.3\sim0.35$
	铝青铜（软）	$157\sim324$	$370\sim680$	$103\sim113$	$39\sim42$	$0.3\sim0.35$
	镀青铜（软）	245	$390\sim588$	$103\sim113$	$39\sim42$	$0.3\sim0.35$
灰铸铁	HT150	—	$98\sim275$（拉）$250\sim657$（压）	$78\sim147$	44	$0.23\sim0.27$
球墨铸铁	QT400-15	412	588	158	$60\sim63$	$0.25\sim0.29$
混凝土	—	—	$0.3\sim1.0$	$137\sim35.3$	—	$0.16\sim0.18$
橡胶	—	—	—	0.008		0.47

表Ⅲ-2　与本书内容有关的材料力学性能实验方法国家标准及其适用范围

类别	标准编号	标准名称	适用范围
通用标准	GB/T 10623—2008	金属材料　学力学性能实验术语	本标准规定了金属材料力学性能实验的一般术语和拉伸、压缩、扭转、剪切、弯曲、硬度、冲击、蠕变、持久强度、应力松弛、断裂、疲劳、工艺、磨损等实验所使用的名词术语

（续）

类别	标准编号	标准名称	适用范围
金属拉伸实验	GB/T 228.1—2010	金属材料拉伸实验第 1 部分：室温实验方法	规定了金属材料拉伸实验方法的原理、定义、符号和说明、试样及其尺寸测量、实验设备、实验要求、性能测定、测定结果数值修约和实验报告；适用于金属材料室温拉伸性能的测定。但对于小横截面的金属产品，例如金属箔、超细丝和毛细管等的拉伸实验需要协议
	GB/T 22315—2008	金属材料 弹性模量和泊松比实验方法	本标准静态部分适用于室温下测定金属材料弹性状态的杨氏模量、弦线模量、切线模量和泊松比；动态部分适用于–196～1200 ℃间测定材质均匀的弹性材料的动态杨氏模量、动态切变量和动态泊松比的测量。
金属压弯扭实验	GB/T 7314—2005	金属材料 室温压缩实验方法	适用于测定金属材料在室温下单向压缩的规定非比例压缩强度、规定总压缩强度、上压缩屈服强度、下压缩屈服强度、压缩弹性模量及抗压强度
	YB/T 5349—2006	金属弯曲力学性能实验方法	适用于测定脆性断裂和低塑性断裂的金属材料一项或多项弯曲力学性能
	GB/T 10128—2007	金属材料室温扭转实验方法	适用于室温下测定金属材料的扭转性能
金属冲击实验	GB/T 229—2007	金属材料夏比摆锤冲击实验方法	适用于温度在–192～1000 ℃范围内金属夏比 V 形缺口和 U 形缺口试样的冲击实验
金属疲劳实验	GB/T 4337—2008	金属材料 疲劳实验 旋转弯方法	适用于在室温、高温空气中试样旋转弯曲的条件进行的疲劳实验
	GB/T 3075—2008	金属 疲劳实验 轴向力控制方法	适用于圆形和矩形截面试样的轴向力疲劳控制实验，产品构件和其他特殊形状试样的检测不包括在内

表Ⅲ-3　与本书内容有关的力学性能指标名称和符号对照 GB/T 228.1-2010《金属材料　拉伸实验第 1 部分　室温实验方法》

新标准		旧标准	
性能名称	符号	性能名称	符号
断面收缩率	Z	断面收缩率	ψ
断后伸长率	A	断后伸长率	σ_5 σ_{10}
上屈服强度	R_{eH}	上屈服点	σ_{sU}
下屈服强度	R_{eL}	下屈服点	σ_{sL}
规定塑性延伸强度	R_p $R_{P0.2}$	规定非比例伸长应力	σ_P $\sigma_{t0.2}$
抗拉强度	R_m	抗拉强度	σ_b

附录Ⅳ 材料力学课程教学基本要求（A类）

力学基础课程教学指导分委员会（2011年）

一、课程的性质和任务

材料力学是变形体力学的重要基础分支之一，是一门为设计工程实际构件提供必要理论基础的重要技术基础课，也是一门理论与实验相结合的课程。材料力学的任务是研究杆件在承受各种荷载时的变形等力学性能。通过学习本课程，使学生掌握将工程实际构件抽象为力学模型的方法；掌握研究杆件内力、应力、变形分布规律的基本原理和方法；掌握分析杆件强度、刚度和稳定性问题的理论与计算；具有熟练的计算能力和一定的实验能力；为后续相关课程的学习，以及进行构件设计和科学研究打好力学基础，培养构件分析、计算和实验等方面的能力。

二、课程的基本内容与要求

[基本部分]

1．理解材料力学的任务、变形固体的基本假设和基本变形的特征；掌握正应力和切应力、正应变和切应变的概念。

2．掌握截面法，熟练运用截面法求解杆件(一维构件)各种变形的内力（轴力、扭矩、剪力和弯矩）及内力方程；掌握弯曲时的载荷集度、剪力和弯矩的微分关系及其应用；熟练绘制内力图。

3．掌握本课程中所运用的变形协调关系、物理关系和静力学关系解决问题的基本分析方法。

4．轴向拉伸与压缩

1）掌握直杆在轴向拉伸与压缩时横截面、斜截面上的应力计算；了解安全因数及许用应力的确定，熟练进行强度校核、截面设计和许用载荷的计算。

2）掌握胡克定律，了解泊松比，掌握直杆在轴向拉伸与压缩时的变形和应变计算；了解拉压变形能的计算。

3）掌握求解拉压杆件一次超静定问题的方法，了解温度应力和装配应力的计算。

4）掌握应力集中的概念，了解圣维南原理。

5．剪切与挤压

掌握剪切和挤压(工程)实用计算。

6．扭转

1）掌握扭转时外力偶矩的换算；掌握薄壁圆筒扭转时的切应力计算，掌握切应力互等定理和剪切胡克定律。

2）掌握圆轴扭转时的应力与变形计算，熟练进行扭转的强度和刚度计算。

3）理解扭转超静定问题、非圆截面杆扭转时的切应力概念和扭转变形能的计算。

7. 截面几何性质

掌握平面图形的形心、静矩、惯性矩、极惯性矩和平行移轴公式的应用；了解转轴公式；掌握平面图形的形心主惯性轴、形心主惯性平面和形心主惯性矩的概念。

8. 弯曲

1）掌握纯弯曲、平面弯曲、对称弯曲和横力弯曲的概念；掌握弯曲正应力和切应力的计算，熟练进行弯曲强度计算；了解提高梁弯曲强度的措施。

2）掌握梁的挠曲线近似微分方程和积分法，掌握叠加法求梁的挠度和转角；熟练进行刚度计算；了解提高梁弯曲刚度的措施；掌握一次超静定梁的求解；了解弯曲变形能的计算。

9. 应力状态与强度理论

1）理解应力状态的概念，掌握平面应力状态下应力分析的解析法及图解法；了解三向应力状态的概念；掌握主应力、主平面和最大切应力的计算。

2）掌握广义胡克定律；了解体积应变、三向应力状态下的变形能密度、体积改变能密度和畸变能密度的概念。

3）理解强度理论的概念；掌握四种常用强度理论及其应用；了解莫尔强度理论。

10. 组合变形

理解组合变形的概念，掌握杆件的斜弯曲、拉伸（压缩）和弯曲、扭转与弯曲组合变形的应力与强度计算。

11. 能量法

理解各种变形的应变能计算，掌握莫尔定理或卡氏第二定理的应用。

12. 压杆稳定

掌握压杆稳定性的概念、细长压杆的欧拉公式及其适用范围；掌握不同柔度压杆的临界应力和安全因数法的稳定性计算；了解提高压杆稳定性的措施。

13. 材料力学实验

1）理解低碳钢和铸铁材料的拉伸、压缩和扭转实验方法，掌握材料拉伸、压缩、扭转的力学性能。

2）理解电阻应变测试技术的基本原理，掌握弯曲正应力和组合变形时的主应力的测定方法。

[专题部分]

1. 薄壁截面直杆的自由扭转

掌握开口和闭口薄壁截面直杆自由扭转的概念；了解开口和闭口薄壁截面直杆自由扭转时的应力和变形计算。

2. 弯曲问题的进一步研究

1）理解梁非对称纯弯曲的概念，掌握非对称纯弯曲梁的正应力计算方法。

2）掌握开口薄壁截面梁的切应力计算方法。了解开口薄壁截面弯曲中心的概念和一些工程中常用截面弯曲中心位置。

3）掌握异质材料组合梁在对称弯曲时横截面上的正应力分析。

4）掌握截面核心的概念和确定方法。

3．能量法的进一步研究

1）理解虚功原理、互等定理；掌握单位载荷法和图乘法。

2）理解对称和反对称性概念；掌握力法及其正则方程求解超静定问题。

4．压杆稳定问题的进一步研究

理解弹性支承和阶梯状细长压杆临界力的欧拉公式及工程应用。掌握折减系数法。了解纵横弯曲的概念和基本解法。

5．动载荷和疲劳

1）掌握构件作等加速直线运动或匀速转动时的动应力计算。

2）掌握受冲击载荷作用时的动应力计算。

3）了解交变应力下材料疲劳破坏的概念和疲劳极限的确定方法。

4）了解影响构件疲劳极限的主要因素、疲劳强度的计算和提高构件疲劳强度的措施。

6．杆件材料塑性的极限分析

1）掌握弹性变形与塑性变形的主要特征，了解材料塑性极限分析中的假设。

2）掌握拉压杆系的极限载荷、等直圆杆扭转时的极限扭矩和梁弯曲时的极限弯矩的分析求解方法和塑性铰的概念。

7．材料力学性能的进一步研究

1）了解温度、时间对材料力学性能的影响和蠕变与松弛的概念。

2）了解冲击荷载下材料的力学性能和冲击韧性的概念。

3）初步了解特殊材料的力学性能，例如，复合材料、高分子材料、粘弹性材料、智能材料等。

8．应变分析与实验应力分析基础

1）掌握平面应变状态下的应变分析理论和应用。

2）掌握应变的测量与应力的计算方法和相关的工程测试技术。

3）了解光弹性法的基本原理与应用。

9．材料力学的拓展性实验

1）开设与光弹性技术相关的实验。

2）开设综合性、设计性、创新性实验。

三、能力培养的要求

1．建模能力：具有建立工程构件力学模型的能力，能够根据具体问题选择合理的计算模型。

2．计算能力：具有对杆件的强度、刚度和稳定性问题的计算能力，并对计算结果的合理性进行定性判断的能力。

3．实验能力：具有利用材料力学实验方法和技术进行相关测试的初步能力。

4．自学能力：具有借助教材与资料自主学习相关知识和分析解决问题的初步能力。

四、几点说明

1．本教学基本要求适用于**工程力学、机械、土建、航空航天、水利、交通运输、船舶、农业工程类等专业**。

2．教学基本要求包括基本部分和专题部分。上述专业除必修基本部分全部内容外，还需至少选择两个专题中的内容作为必修内容。专题部分的其他内容在保证基本要求的前提下，根据后续课程或专业需要酌情列为必修或选修，或者与其他课程内容融合。

3．在教学环节中，应适当安排习题课和讨论课；保证习题和作业的数量和难度。

4．本课程应该注意加强实践性教学环节，各高等学校应创造条件开设拓展性实验。

5．在教学中，应科学地采用各种教学手段，充分利用各种教学资源。

6．根据近年来全国几百所高校的调研统计数据，建议：基本部分学时为 60～80 学时之间，其中实验不少于 6～8 学时。

参 考 文 献

[1] 孙训方，方孝淑，关来泰．材料力学（I、II）[M]．北京：高等教育出版社，2009．

[2] 刘鸿文，吕荣坤．材料力学实验[M]．北京：高等教育出版社，2008．

[3] 古滨．材料力学实验指导与实验基本训练[M]．北京：北京理工大学出版社，2011．

[4] 长安大学力学实验教学中心．实验力学[M]．西安：西北工业大学出版社，2006．

[5] 李志君，许留旺．材料力学思维训练题集[M]．北京：中国铁道出版社，2000．

[6] 束德林．工程材料力学性能[M]．北京：机械工业出版社，2007．

[7] 江苏省力学学会教育科普委员会．理论力学材料力学考研与竞赛试题精解[M]．2 版徐州：中国矿业大学出版社，2006．

[8] 江苏省历届大学生基础力学实验竞赛的参考资料（江苏省力学学会网络资料），2008．

[9] 武建华，郑辉中，古滨．材料力学[M]．重庆：重庆大学出版社，2002．

[10] 同济大学材料力学教研室．材料力学教学实验[M]．上海：同济大学出版社，1994．

[11] 王绍铭．材料力学实验指导[M]．北京：中国铁道出版社，2003．

[12] 刘鸿文．简明材料力学[M]．北京：高等教育出版社，2008．

[13] 王育平，边力滕，桂荣等．材料力学实验[M]．北京：北京航空航天大学出版社，2004．

[14] 西南交通大学材料力学教研室．材料力学学习及考研指导书[M]．成都：西南交通大学出版社，2004．